Ihre Arbeitshilfen zum Download:

Die folgenden Arbeitshilfen stehen für Sie zum Download bereit:

Formblätter
- Risiken- und Chancenanalyse
- Risikomatrix
- Maßnahmenplan etc.

Muster
- Prozessbeschreibung
- Meldung von Mängeln, Risiken und Chancen
- Unfallanalysegespräch
- Rechtskataster etc.

Checklisten
- Informationsfluss
- Gefährdungsbeurteilung etc.

Zusätzlich zum Buch finden Sie in den Arbeitshilfen online
- Muster für Beauftragungen und Bestellungen
- Handreichungen zu den Themen Bildschirmarbeit, Brandschutz, Heben/Tragen und Verhalten bei Unfällen
- verschiedene Brandschutzverordnungen
- eine Zusammenstellung aller Auditfragen etc.

Den Link sowie Ihren Zugangscode finden Sie am Buchende.

Praxishandbuch DIN ISO 45001

Dr. Christian Weigl

Praxishandbuch DIN ISO 45001

Arbeits- und Gesundheitsschutz im Organisationen umsetzen und managen

1. Auflage

Haufe Group
Freiburg · München · Stuttgart

Bibliografische Information der Deutschen Nationalbibliothek

Die Deutsche Nationalbibliothek verzeichnet diese Publikation in der Deutschen Nationalbibliografie; detaillierte bibliografische Daten sind im Internet über http://dnb.dnb.de abrufbar.

Print: ISBN 978-3-648-11838-2 Bestell-Nr. 14301-0001
ePub: ISBN 978-3-648-11839-9 Bestell-Nr. 14301-0100
ePDF: ISBN 978-3-648-11840-5 Bestell-Nr. 14301-0150

Dr. Christian Weigl
Praxishandbuch DIN ISO 45001
1. Auflage 2019

www.haufe.de
info@haufe.de
Produktmanagement: Bernhard Landkammer

Lektorat: Test+Design Jutta Cram, Augsburg
Satz: Reemers Publishing Services GmbH, Krefeld
Umschlag: RED GmbH, Krailling

Inhaltsverzeichnis

Abkürzungsverzeichnis

AMS	Arbeitsschutzmanagementsystem
AMS BAU	Arbeitsschutzmanagementsystem der BG der Bauwirtschaft
ArbMedVV	Verordnung zur arbeitsmedizinischen Vorsorge
ArbSchG	Arbeitsschutzgesetz
ArbStättV	Arbeitsstättenverordnung
ASA	Arbeitsschutzausschuss
ASCA	Arbeitsschutz und Sicherheitstechnischer Check in Anlagen
ASiG	Arbeitssicherheitsgesetz
AU-Tage	Arbeitsunfähigkeitstage
BA	Betriebsarzt
BaustellV	Baustellenverordnung
BDSG	Bundesdatenschutzgesetz
BEM	Betriebliches Eingliederungsmanagement
BetrSichV	Betriebssicherheitsverordnung
BH	Brandschutzhelfer
BImSchV	Verordnung über elektromagnetische Felder
BS 8800	British Standard 8800
BS OHSAS SAS 18001	British Standard Occupational Health and Safety Assessment Series 18001
BSI	British Standard Institut
DGUV V1	Deutsche Gesetzliche Unfallversicherung Vorschrift 1
DGUV V2	Deutsche Gesetzliche Unfallversicherung Vorschrift 2
DIN	Deutsches Institut für Normung
DIS	Draft International Standard
EH	Ersthelfer
FASI	Fachkraft für Arbeitssicherheit
HeimG	Heimgesetz
HLS	High Level Structure
Ho	Homogenität
ILO	International Labour Organization

ISO	International Organisation for Standartization
KPI	key performance indicator
KSD	Kreissektordiagramm
LBO	länderbezogene Bauordnung
MB	Beauftragter für das Managementsystem für Sicherheit und Gesundheit bei der Arbeit
MPG	Medizinproduktegesetz
OHRIS	Occupational Health and Risk Managementsystem
Pf	Performanz
PSA	persönliche Schutzausrüstung
SCC	Sicherheits Certifikat Contraktoren
SGA	Sicherheit und Gesundheit bei der Arbeit
SGAMS	Managementsysteme für Sicherheit und Gesundheit bei der Arbeit
SGB	Sozialgesetzbuch
Sibe	Sicherheitsbeauftragter
SusA®	System zur universellen strukturierten Analyse
SW	Systemwert

Vorwort

Managementsysteme für Sicherheit und Gesundheit bei der Arbeit sollen für sichere und gesundheitsgerechte Arbeitsplätze sorgen und arbeitsbedingte Verletzungen und Erkrankungen vermeiden. Diese Managementsysteme sind heute wichtiger denn je, denn: Die Zahl der Arbeitsunfälle ist v. a. in der Baubranche leicht steigend (eine Folge des Baubooms), kritisiert die Berufsgenossenschaft (Berliner Zeitung, 2018). Die Arbeitsunfähigkeitstage nahmen in den letzten Jahren außerdem leicht zu: Lag der Krankenstand 2016 noch bei 3,9 %, stieg er 2017 um 0,2 Prozentpunkte (Haufe, 2018).

In der heutigen Arbeitswelt, der Zeit schneller Veränderungen in Arbeitssystemen und in der gesamten Gesellschaft, ist es nicht einfach, die Strukturen und Prozesse in Organisationen zügig an Neuerungen anzupassen. Dies wäre jedoch notwendig, um die Sicherheit und Gesundheit der Beschäftigten in Organisationen zu erhalten bzw. zu fördern, aber auch um Produktivität, Qualität und Innovation auf hohem Niveau zu halten.

Die Norm »Managementsysteme für Sicherheit und Gesundheit bei der Arbeit – Anforderungen mit Anleitung zur Anwendung (ISO 45001:2018)« verlangt eine schnelle Anpassung an Veränderungen im Kontext der Organisation: Im Änderungsmanagement und in der fortlaufenden Verbesserung/Veränderung. Durch prospektives, strukturiertes und systematisches Agieren nach der Norm soll in den Organisationen versucht werden, trotz des schnellen Wandels und der damit einhergehenden potenziellen Risiken Verletzungen und Erkrankungen zu minimieren.

Weniger arbeitsbedingte Verletzungen und Erkrankungen sowie sichere und gesundheitsgerechte Arbeitssysteme können und sollen jedoch nicht die alleinigen Ziele sein. Zufriedenheit mit den Arbeitsbedingungen, Freude an der Aufgabenstellung und/oder wertvolle Unterstützungsmöglichkeiten führen nicht nur zu weniger Erkrankungen und Verletzungen, sondern stärken und fördern auch die Gesundheit der Mitarbeiter. Neben den Risiken sollen auch Chancen ermittelt, bewertet und genutzt werden, um neben weniger Beschwerden, Erkrankungen und Verletzungen auch positive Emotionen und Zufriedenheit bei den Beschäftigten zu erreichen.

So entschied man sich bei der Übersetzung der Norm ins Deutsche bewusst für den Begriff »Managementsysteme für Sicherheit und Gesundheit bei der Arbeit« (SGAMS; vgl. DGUV, 2015). Im Vergleich zum Arbeitsschutzmanagementsystem (AMS), das vor allem den klassischen Arbeits- und Gesundheitsschutz berücksichtigt, bezieht das SGAMS auch die Dimension Gesundheit mit ein.

Der Anwendungsbereich soll das Arbeitssystem sein. Ausgeschlossen wird in den allgemeinen präventiven Maßnahmen der private, außerhalb des Arbeitsplatzes befindliche Bereich, wenngleich diese Trennlinie nicht immer einfach zu finden ist und in den rechtlichen Verpflichtungen, z. B. beim betrieblichen Eingliederungsmanagement (SGB IX § 167; vgl. SGB IX, 2018) oder in der Verordnung zur arbeitsmedizinischen Vorsorge (ArbMedVV; vgl. Recht, 2014b), de facto nicht existent ist.

Das SGAMS integriert die Themen des klassischen Arbeitsschutzes, des betrieblichen Gesundheitsmanagements, des betrieblichen Eingliederungsmanagements und der betrieblichen Sozialberatung (siehe oben SGB IX § 167 und ArbMedVV). Mit dem Begriff »bei der Arbeit« hat man einen passenden Oberbegriff gefunden, der für den betrieblichen Kontext ebenso passt wie für den Sektor des öffentlichen Dienstes.

0.1 Die Geschichte des Arbeitsschutzes in Deutschland bis heute inklusive der Managementsysteme für Sicherheit und Gesundheit bei der Arbeit

Der Arbeitsschutz begann mit der Industrialisierung und der damit verbundenen Kinderarbeit Ende des 18. Jahrhunderts. Arbeitszeiten von mehr als zwölf Stunden waren die Regel und gefährdeten vor allem die Gesundheit der Kinder. So wurde Anfang des 19 Jahrhunderts Kinderarbeit für Kinder, die das 9. Lebensjahr noch nicht vollendet hatten, verboten. Ebenso wurde die Begrenzung der Arbeitszeit auf zehn Stunden vor dem 16. Lebensjahr gesetzlich vereinbart.

Der Grundstein für die Arbeitsschutzgesetzgebung war gelegt. 1871 wurde die Reichsgewerbeordnung erlassen und Fabrikinspektoren überprüften nach eigenem Ermessen. Erst 1884 wurde mit der Gewerbeunfallversicherung der inhaltliche Arbeitsschutz vorangetrieben. 1891 wurde mit der Novelle der Reichsgewerbeordnung nicht nur das duale Arbeitsschutzsystem geboren, sondern auch spezifische Arbeitsschutzvorschriften erlassen. Die Unfallversicherungsträger widmeten sich eher dem technischen Arbeitsschutz (v. a. Schutzvorrichtungen und in den Eisen- und Bergwerken Schutzausrüstungen), die staatlichen Behörden eher dem sozialen Arbeitsschutz (Arbeitszeit, Kinder, Jugendliche und Frauen).

Zur Zeit der Weltkriege kam der Arbeitsschutz zum Erliegen. Nach dem Zweiten Weltkrieg wurde der technische und soziale Arbeitsschutz weiterentwickelt, eine reguläre Hierarchie entstand:

- Gesetze
- Vorschriften und Verordnungen
- Regeln und Richtlinien
- Informationen und Anleitungen
- Normen

1996 wurde mit dem Arbeitsschutzgesetz (ArbSchG; vgl. Recht, 2014c) ein Dach für alle Regularien geschaffen und der Arbeitgeber verpflichtete sich, das 1973 geschaffene Arbeitssicherheitsgesetz (ASiG; vgl. Recht, 2016) umzusetzen.

1993 entstand das erste Arbeitsschutzmanagementsystem ASCA (vgl. Hessisches Ministerium für Soziales und Integration), gefolgt von OHRIS (vgl. Bayerisches Landesamt für Gesundheit und Lebensmittelsicherheit, 2018). Der englische Standard war 1996 zunächst BS 8800 (vgl. BS 8800, 2004), 2007 wurde er zu BS OHSAS SAS 18001 (vgl. BS OHSAS 18001, 2007) umbenannt und setzte sich international durch. Weitere Arbeitsschutzmanagementsysteme sieht man in der Abbildung 1. Die BSI reichte 2013 bei der ISO (International Organisation for Standardisation) einen Vorschlag zur Erarbeitung einer internationalen Arbeitsschutznorm ein. Damit wurde der Grundstein für die neue ISO 45001 geschaffen. Mit der DGUV V2 (vgl. BGHM, 2016) wurde 2011 für alle Unfallversicherungsträger erstmals ein einheitliches Vorgehen zur Konkretisierung des Arbeitssicherheitsgesetzes (ASiG) in Kraft gesetzt.

2015 wurde dann das Arbeitsschutzgesetz durch die Erweiterung des §5 Abs. 3 Punkt 6 noch einmal konkretisiert und psychische Belastungen bei der Arbeit wurden miteinbezogen. Weitere Vorschriften und Gesetze, v. a. die Arbeitsstättenverordnung, die Betriebssicherheitsverordnung (BetrSichV), das SGB IX §167 Abs. 2 (vgl. SGB IX, 2018) und die Verordnung zur arbeitsmedizinischen Vorsorge (ArbmedVV) berücksichtigten Themen der heutigen Arbeitswelt wie z. B.

- mobile Arbeitsstätten, Homeoffice, psychische und psychosoziale Gefährdungen (ArbStättV; vgl. Recht, 2014d),
- altersgerechte und alternsgerechte Arbeitsmittel (BetrSichV; vgl. Recht, 2015) sowie
- den Umgang mit Erkrankungen und auch psychischen Problemlagen und Störungen (SGB IX §167 Abs. 2 und ArbmedVV; vgl. Recht, 2014b; SGB IX, 2018).

Damit ist der soziale und technische Arbeitsschutz des letzten Jahrhunderts auch aufgrund der rechtlichen Verpflichtungen mit den immer wichtiger werdenden Gesundheitsthemen und Themen der Demografie am Arbeitsplatz und in Organisationen verschmolzen.

Arbeitsschutzmanagementsysteme müssen sich somit folgerichtig aufgrund der erweiterten gesetzlichen Lage nicht nur mit dem klassischen Arbeitsschutz beschäftigen, sondern auch mit Gesundheitsthemen, die über die körperlichen Aspekte der Gesundheit und Hygiene hinausgehen. Der Begriff »Arbeitsschutzmanagementsysteme« ist damit auch nicht mehr passend. So entschloss man sich folgerichtig in der Übersetzungsgruppe der DIN den Titel »DIN ISO 45001 Managementsysteme für Sicherheit und Gesundheit bei der Arbeit« (SGAMS; vgl. DGUV, 2015) zu wählen.

Bezeichnung	**Wesentliche Inhalte/Kriterien/Audit- und Zertifizierungsmöglichkeiten**
ASCA (Arbeitsschutz und Sicherheitstechnischer Check in Anlagen) Land Hessen	▪ ursprünglich (nur) Arbeitsschutz und sicherheitstechnischer Check in Anlagen, mittlerweile zur Überprüfung und Verbesserung von Arbeitsschutzorganisation ausgebaut ▪ keine Zertifizierung, nur Überprüfung des AMS
OHRIS (Occupational Health and Risk Managementsystem) Bayerisches Ministerium für Arbeit und Soziales	▪ Verbesserung des Schutzes vor arbeitsbedingten Gesundheitsgefahren sowie der Sicherheit bei technischen Anlagen ▪ Reduktion von Gesundheitsrisiken sowie von Arbeitsunfällen und Steigerung der Motivation und Leistungsfähigkeit der Beschäftigten ▪ Verknüpfung mit ISO 9001 möglich ▪ Förderung kleiner und mittlerer Organisationen ▪ Beratung, Audit und Anerkennung durch Gewerbeaufsichtsamt ▪ mit GABEGS kombinierbar
SCC (Sicherheits Certifikat Contraktoren) Contraktoren = Dienstleister in Petro- oder Großchemie	▪ Sicherheit, Gesundheit und Umweltschutz überprüfen ▪ kein Managementsystem, sondern ein Fragenkatalog (Checkliste von zehn Kapiteln) ▪ Audit auf Basis der Checkliste möglich ▪ Zertifizierung möglich ▪ Neben SCC auch SCC^{P} (Petrochemie) und SCP (Personaldienstleister)
BS OHSAS 18001:2007 (British Standard Occupational Health and Safety Assessment Series)	▪ orientiert sich an der Norm ISO 9001 ▪ integriertes Managementsystem möglich ▪ Zertifizierung möglich ▪ wird 2018 von der ISO 45001:2018 abgelöst

Bezeichnung	Wesentliche Inhalte/Kriterien/Audit- und Zertifizierungsmöglichkeiten
ILO – OSH 2001 (International Labour Organization) Arbeitsschutzorganisation der UN	▪ Leitfaden für AMS ▪ als nationaler Leitfaden für AMS übernommen ▪ Zertifizierung nicht möglich
AMS BAU (Arbeitsschutzmanagementsystem der BG der Bauwirtschaft)	▪ basiert auf dem »Nationalen Leitfaden für Arbeitsschutzmanagementsysteme« ▪ branchenspezifisches AMS für Betriebe der BG Bau, berücksichtigt dabei schwierige Rahmenbedingungen ▪ Beratung, Begutachtung und Zertifizierung möglich
Arbeitsschutzmanagementsystem der BG Verkehr	▪ Möglichkeiten zur Organisation und Dokumentation von Arbeitssicherheit und Gesundheit ▪ Begutachtungsverfahren möglich
Arbeitsschutzmanagementsystem der BG ETEM	▪ Beratung, Schulungen, Begutachtung und Erteilung eines Nachweises möglich ▪ Förderung konkreter Projekte durch BG zur Einführung des AMS
MAAS-BGW der BGW	▪ Managementanforderung der BGW zum Arbeitsschutz ▪ orientiert sich an der DIN EN ISO 9000 ▪ Integration des Arbeitsschutzes in ein QM-System möglich ▪ MAAS-Auditoren zugelassen ▪ Akkreditierung der Zertifizierungsstellen nach MAAS BGW notwendig ▪ Beratung und Zertifizierung durch Zertifizierungsstellen möglich

Abb. 1: Übersicht über die Arbeitsschutzmanagementsysteme

0.2 Die Entwicklung der DIN ISO 45001 Managementsysteme für Sicherheit und Gesundheit bei der Arbeit (SGAMS)

Im März 2013 reichte die BSI bei der ISO (International Organisation for Standardisation) einen Vorschlag zur Erarbeitung einer internationalen Arbeitsschutznorm auf Basis der BS OHSAS 18001 ein. Im Juli 2013 wurde dieser Vorschlag von den ISO-Mitgliedern mehrheitlich angenommen.

Das Projektkomitee ISO/PC 283 entwickelte im Oktober 2013 einen Working Draft, in dem u.a. die Namensgebung (ISO 45001) beschlossen wurde.

Als Rahmen für die Erarbeitung der ISO 45001 diente die High Level Structure (HLS; vgl. Lloyd's Register, 2016), um die Integration des AMS in andere Managementsysteme, wie z. B. Qualität, Energie und Umwelt, zu ermöglichen.

Das zur ISO/PC 283 gegründete Spiegelgremium in Deutschland, das DIN-Arbeitsgremium (NA 175-00-02 AA), entwickelte parallel zu anderen Gremien Kommentare, die in den weiteren Sitzungen des ISO/PC 283 berücksichtigt wurden.

Im Juli 2014 wurde der erste Committee Draft, welcher sich u.a. aus dem Working Draft ergab, bekannt gegeben. Im Februar 2015 folgte der zweite. Die relativ langen Bearbeitungszeiten ergaben sich, da unter den mitwirkenden Akteuren differenzierte Sichtweisen aufkamen, etwa zu Begrifflichkeiten wie z. B. Well-Being oder Wellness oder zur Konsultation und Beteiligung der Beschäftigten.

Seit November 2015 lag ein Draft International Standard (DIS) vor, der bis Herbst 2016 als DIS/ISO 45001:2016 veröffentlicht wurde. Nach der Veröffentlichung des Normentwurfs wurden mehr als 3.000 Kommentare aus der ganzen Welt eingereicht.

Dieser DIS/ISO 45001:2016 erhielt nicht die notwendige Dreiviertelmehrheit. 28% der nationalen Normengremien lehnten den Entwurf der international geplanten Norm ab. Im Juni 2016 wurde deshalb in der International-PC-283-Sitzung in Toronto beschlossen, dass ein zweiter Draft International Standard (DIS 2) erforderlich ist.

Die Beratung zu allen Kommentaren und Einsprüchen sowie die Vorbereitung des DIS 2 fand im Februar 2017 in Wien. Der DIS 2 orientierte sich nach der Überarbeitung noch stärker an der HLS sowie an den bestehenden Normen ISO 9001 und ISO 14001 und zielte darauf ab, auf große Zustimmung bei der Normkommission zu stoßen.

Der DIS 2 wurde im Juli 2017 veröffentlicht und im September in Melaka (Malaysia) mit einer Zustimmung von 88% von der internationalen Normkommission angenommen. Nach einmonatiger Editierung wurde der Final Draft International Standard (FDIS) im November 2017 veröffentlicht.

Die neue Norm für Sicherheit und Gesundheit in Unternehmen, die ISO 45001:2018 wurde am 12. März 2018 veröffentlicht und liegt nun auch in deutscher Übersetzung als DIN ISO 45001:2018 vor. Sie dient diesem Buch als Grundlage.

0.3 Die High Level Structure – übergeordnete Struktur für Managementsysteme und für die DIN ISO 45001:2018

Die High Level Structure (HLS) ist eine übergeordnete Struktur, die die Darstellung neuer Normen für Managementsysteme durch die ISO (International Organisation for Standardisation) definiert. Das Ziel ist es, alle neuen Managementsysteme (Qualität, Umwelt, IT-Sicherheit, Energie) und jetzt auch Managementsysteme für Sicherheit und Gesundheit bei der Arbeit (SGAMS) so zu gestalten, dass diese integriert werden können. Mit der HLS wurde eine einheitliche Struktur und eine einheitliche Begriffsbestimmung erreicht. Die übergeordnete Prozessbeschreibung und damit verbundene Dokumente können themenübergreifend erstellt und genutzt werden. Die für alle ISO-Managementsystemstandards verbindliche Struktur wird im Annex SL 9 der ISO/IEC Directives, Part 1, Consolidated ISO Supplement, 2015 im Appendix 2 (vgl. ISO/IEC, 2015, S. 127–137) in der High Level Structure wie folgt definiert.

High Level Structure	
1. Anwendungsbereich	
2. Normative Verweisungen	
3. Begriffe	
4. Kontext der Organisation	▪ Verstehen der Organisation und ihres Kontextes ▪ Verstehen der Erfordernisse und Erwartungen interessierter Parteien ▪ Festlegen des Anwendungsbereichs des SGAMS ▪ Prozesse für das SGAMS
5. Führung	▪ Führung und Verpflichtung ▪ SGA-Politik ▪ Rollen, Verantwortungen und Befugnisse in der Organisation
6. Planung	▪ Maßnahmen zum Umgang mit Risiken und Chancen ▪ SGA-Ziele und -pläne zu deren Erreichung
7. Unterstützung	▪ Ressourcen ▪ Kompetenz ▪ Bewusstsein ▪ Kommunikation ▪ dokumentierte Information
8. Betrieb	▪ betriebliche Planung und Steuerung

High Level Structure	
9. Leistungsbewertung	▪ Überwachung, Messung, Analyse und Bewertung ▪ internes Audit ▪ Managementbewertung
10. Verbesserung	▪ Nichtkonformität und Korrekturmaßnahmen ▪ fortlaufende Verbesserung

Abb. 2: Übersicht über die High Level Structure

Mit der Umsetzung des Annex SL wurden die Ziele der ISO-Revision unterstützt:

- Wertschöpfung für Organisationen und ihre Kunden verbessern
- Risikobeherrschung und Chancennutzung durch das System unterstützen
- Anwendbarkeit des Systems verbessern und eine durchgängige Sprache etablieren

0.4 Übergeordnetes und grundlegendes Verständnis der Norm DIN ISO 45001:2018

Um die Norm zu verstehen, ist es wichtig, eine Überblick über SGAMS zu bekommen. Zunächst ist festzustellen, dass sich der Kontext der Organisation (siehe Norm, Kap. 4) kontinuierlich aufgrund der ständigen Veränderung im Wirtschafts- und Arbeitsfeld wandelt und abhängig ist von der Struktur, der Größe, den Aktivitäten, Produkten und Aufgaben der Organisation. Der Kontext, in dem die Organisation agiert, muss allen interessierten Parteien bekannt sein. Der Kontext kann sich ausdrücken in einem Engpass bei der Verfügbarkeit bestimmter Ressourcen oder in der Notwendigkeit, intensiveren Kontakt zu den Kunden zu halten, um diese in einem hart umkämpften Markt nicht zu verlieren.

Die oberste Leitung (siehe Norm, Kap. 5) muss ihre Verpflichtung bezüglich der Entwicklung und Verwirklichung eines SGAMS und dessen ständiger Verbesserung und Wirksamkeit nachweisen. Dieser Nachweis erfolgt dadurch, dass die Anforderungen rechtlicher Verpflichtungen, interessierter Parteien und der Organisation selbst erfüllt werden. Die oberste Leitung muss eine SGA-Politik festlegen, die mit den SGA-Zielen (siehe Norm, Kap. 6) kompatibel sind. Ebenso muss sie die Akteure und deren Befugnisse (Verantwortliche, Beauftragte …) für das SGAMS benennen, um eine geeignete Aufbaustruktur zu entwickeln (siehe Norm, Kap. 5).

Das wesentliche Element in vielen Facetten des SGAMS ist der PDCA-Zyklus (plan, do, check, act):

Plan: In einer Analyse und Bewertung von Risiken und Chancen (auch SGA-Risiken und SGA-Chancen) erfolgt die Feststellung des Ist-Zustandes, auch unter Berücksichtigung der rechtlichen Verpflichtungen und anderer Anforderungen (siehe Norm, Kap. 6).

Nach erfolgter Analyse und Bewertung werden Maßnahmen auch unter Beachtung der SGA-Ziele geplant (siehe Norm, Kap. 6), durchgeführt (siehe Norm, Kap. 8) und die Wirksamkeit (siehe Norm, Kap. 9) kontrolliert.

Do: Für die Umsetzung der Maßnahmen müssen die zuvor ausreichend geplanten und bereitgestellten Ressourcen genutzt werden. Neben materiellen Ressourcen sind auch immaterielle Ressourcen (wie z. B. Kompetenz und Bewusstsein) für das Funktionieren eines SGAMS von hoher Bedeutung (siehe Norm, Kap. 7).

Die Organisation muss die Belange und Ideen der Beschäftigten berücksichtigen und diese an den (Veränderungs-)Prozessen teilhaben lassen und beteiligen (siehe Norm, Kap. 5). Es ist wichtig, ein Bewusstsein aller Organisationsmitglieder zu schaffen. Personen, deren Tätigkeiten die Erfüllung der Anforderungen des SGAMS beeinflussen, müssen sich der Bedeutung und Wichtigkeit ihrer Tätigkeiten bewusst und ausreichend kompetent sein. Bei fehlender Kompetenz muss eine Kompetenzerweiterung erfolgen (siehe Norm, Kap. 7).

Leiharbeitnehmer und Subunternehmer werden in die Analyse und Maßnahmen ebenso einbezogen (siehe Norm, Kap. 8).

Die wesentlichen Prozesse, Strukturen und zentralen Bestandteile des SGAMS müssen dokumentiert werden, um einen Nachweis für die Wirksamkeit des SGAMS liefern zu können (siehe Norm, Kap. 7).

Check: Die Überprüfung erfolgt durch das Messen der SGA-Leistung:

- SGA-Ziele
- Minimieren von Risiken
- Stärken von Chancen
- Einhalten der rechtlichen Verpflichtungen und anderen Anforderungen
- Effektivität von Strukturen und Prozessen des SGAMS
- Analysieren und Minimieren von Vorfällen und Nichtkonformitäten und den Ergebnissen von Audits (siehe Norm, Kap. 9)

Act: Wird die SGA-Leistung nicht verbessert, müssen Korrektur- und Verbesserungsmaßnahmen eingeleitet werden (siehe Norm, Kap. 10).

Der Managementkreislauf – auch PDCA-Zyklus oder Deming-Kreis genannt – ist auch im vorliegenden SGAMS das zentrales Element und in vielen Unterpunkten/-themen (z. B. Kompetenz oder Audit) zu finden.

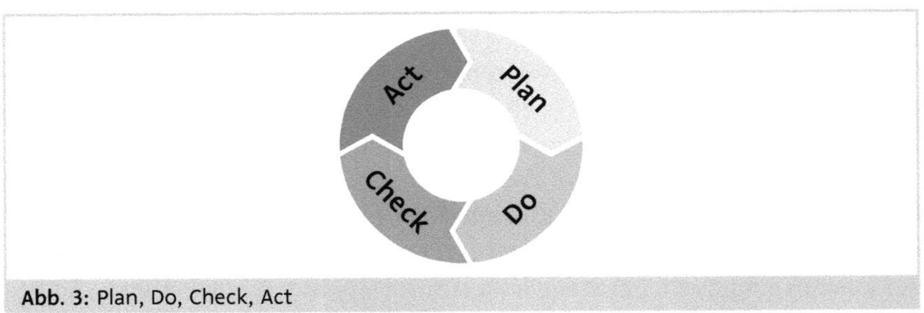

Abb. 3: Plan, Do, Check, Act

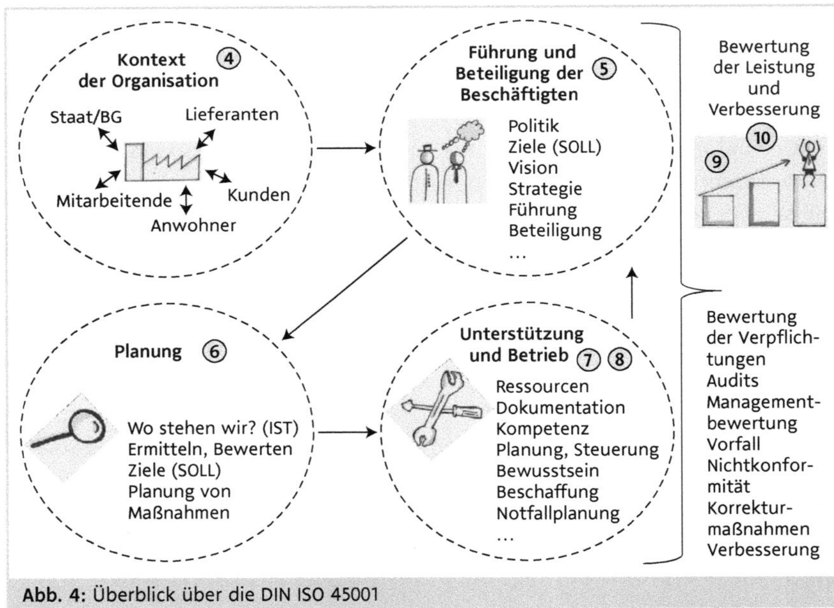

Abb. 4: Überblick über die DIN ISO 45001

0.5 Neuerungen und Spezifizierungen der DIN ISO 45001:2018 gegenüber dem britischen Standard BS OHSAS 18001:2007

Der primäre Unterschied zwischen der DIN ISO 45001 und dem Vorgänger OHSAS 18001 besteht darin, dass der grundlegende Aufbau der DIN ISO 45001 der sogenannten High Level Structure (HLS) entspricht. Wie bereits oben in Kap. 0.3 erwähnt, ist die HLS ein Leitfaden für eine übergeordnete Struktur und einheitlichen Anforderungen an Managementsysteme, die es Organisationen erleichtern, ihr bestehendes Managementsystem z.B. nach ISO 9001:2015 oder zum Thema Umwelt, aber auch zum Arbeitsschutz zu erweitern und anzupassen. Der Aufwand für die Aufrechterhaltung und Implementierung weiterer Managementnormen wird dadurch reduziert. Wie die einzelnen Kapitel zugeordnet sind, ist in Abb. 5 »DIN ISO 45001:2018 und BS OHSAS 18001 im Vergleich« zusammengestellt. Die Neuerungen gegenüber des BS OHSAS 18002:2007 sind aus Abb. 6 »Neuerungen der DIN ISO 45001 gegenüber BS OHSAS 18002:2007« ersichtlich.

DIN ISO 45001:2018		**BS OHSAS 18001:2007**	
4	Kontext der Organisation	4	Anforderungen an ein A&G*-Managementsystem
4.1	Verstehen der Organisation und ihres Kontextes	4	Anforderungen an ein A&G-Managementsystem
4.2	Verstehen der Erfordernisse und Erwartungen von Beschäftigten und anderen interessierten Parteien	4	Anforderungen an ein A&G-Managementsystem
		4.3.2	Rechtliche Verpflichtungen und andere Anforderungen
		4.4.3	Kommunikation, Mitwirkung und Beratung
4.3	Festlegen des Anwendungsbereiches des SGAMS	4.1	Allgemeine Anforderungen
4.4	SGA-Managementsystem	4.1	Allgemeine Anforderungen
5	Führung und Beteiligung der Beschäftigten	4.4	Implementierung und Durchführung
5.1	Führung und Verpflichtung	4.4.1	Ressourcen, Aufgaben, Verantwortlichkeit und Befugnis
5.2	SGA-Politik	4	A&G-Politik
5.3	Rollen, Verantwortlichkeiten und Befugnisse in der Organisation	4.4.1	Ressourcen, Aufgaben, Verantwortlichkeit und Befugnis

DIN ISO 45001:2018		BS OHSAS 18001:2007	
5.4	Konsultation und Beteiligung von Beschäftigten	4.4.3	Kommunikation, Mitwirkung und Beratung
6	Planung	4.3	Planung
6.1	Maßnahmen zum Umgang mit Risiken und Chancen	4.3.1	Gefährdungserkennung, Risikoeinschätzung und Festlegung der Lenkungsmaßnahmen
6.2	SGA-Ziele und Planung zu deren Erreichung	4.3.3	Zielsetzungen und Programme
7	Unterstützung	4.4	Implementierung und Durchführung
7.1	Ressourcen	4.4.1	Ressourcen, Aufgaben, Verantwortlichkeit und Befugnis
7.2	Kompetenzen	4.4.2	Fähigkeit, Schulung und Bewusstsein
7.3	Bewusstsein	4.4.2	Fähigkeit, Schulung und Bewusstsein
7.4	Kommunikation	4.4.3	Kommunikation, Mitwirkung und Beratung
7.5	Dokumentierte Information	4.4.4	Dokumentation
		4.4.6	Lenkung von Dokumenten
		4.5.4	Lenkung von Aufzeichnungen
8	Betrieb	4.4	Implementierung und Durchführung
8.1	Betriebliche Planung und Steuerung	4.4.6	Ablauflenkung
8.1.2	Gefährdungen beseitigen und SGA-Gefährdungen verringern	4.3.1	Gefährdungserkennung, Risikoeinschätzung und Festlegung der Lenkungsmaßnahmen
8.1.3	Änderungsmanagement	4.4.6	Ablauflenkung
8.1.4	Beschaffung	4.4.6	Ablauflenkung
		4.3.1	Gefährdungserkennung, Risikoeinschätzung und Festlegung der Lenkungsmaßnahmen
8.2	Notfallplanung und Reaktion	4.4.7	Notfallvorsorge und Gefahrenabwehr
9	Bewertung der Leistung	4.5	Überprüfung
9.1	Überwachung, Messung, Analyse und Leistungsbewertung	4.5.1	Leistungsmessung und Überwachung
		4.5.2	Bewertung der Einhaltung von Rechtsvorschriften

DIN ISO 45001:2018		BS OHSAS 18001:2007	
9.2	Internes Audit	4.5.5	Internes Audit
9.3	Managementbewertung	4.6	Managementbewertung
10	Verbesserung	4.5.3	Vorfalluntersuchungen, Nichtkonformität, Korrektur- und Vorbeugungsmaßnahmen
10.2	Vorfall, Nichtkonformität und Korrekturmaßnahmen	4.5.3.1	Vorfalluntersuchung
		4.5.3.2	Nichtkonformität, Korrektur- und Vorbeugungsmaßnahmen
10.3	Fortlaufende Verbesserung	4.5.3.1	Vorfalluntersuchung
		4.5.3.2	Nichtkonformität, Korrektur- und Vorbeugungsmaßnahmen

* Arbeitsschutz und Gesundheit

Abb. 5: DIN ISO 45001:2018 und BS OHSAS 18001 im Vergleich

Folgende Neuerungen und Spezifizierungen gibt es in der DIN ISO 45001:2018 Managementsysteme für Sicherheit und Gesundheit bei der Arbeit (SGAMS) im Vergleich zu BS OHSAS 18002:2007:

1	Definitionen von Begriffen
2	Den Kontext der Organisation berücksichtigen.
3	Das Wissen der Organisation hinsichtlich der SGA einbeziehen.
4	Benötigte Prozesse definieren, auch nicht SGA-spezifische Prozesse.
5	SGA in allen Prozessen der Organisation interpretieren.
6	Oberste Führung muss Verantwortung und Engagement im SGA zeigen und seine Führungskräfte ausreichend einbinden und unterstützen.
7	Beteiligung der Beschäftigten und deren Vertreter intensiv und spezifisch fordern.
8	Bewusstseinsbildung und Kompetenz bei allen Akteuren.
9	Risiken und Chancen für mehr Sicherheit und Gesundheit bei der Arbeit ermitteln und bewerten.
10	Maßnahmenhierarchie bei der Umsetzung von Maßnahmen berücksichtigen.
12	Für interne Audits wird auf die DIN EN ISO 19011 verwiesen.
13	Die Effektivität des Managementsystems überprüfen und erhöhen.

Abb. 6: Neuerungen der DIN ISO 45001 gegenüber BS OHSAS 18002:2007

Die wichtigsten Neuerungen hier noch einmal zusammengefasst:

- Begriffe werden neu oder eindeutig definiert, z. B Sicherheit und Gesundheit bei der Arbeit, Risiken und Chancen, Kompetenz, Beteiligung und Konsultation.
- Einen wichtigen Impuls setzt die DIN ISO 45001 mit dem »Kontext der Organisation«, da nun die interessierten Parteien, wie z. B. die Marktteilnehmer selbst, die Kundenbedürfnisse, staatliche Träger, aber auch die Beschäftigten selbst, berücksichtigt werden.
- Das Wissen der Organisation bzgl. SGA muss einfließen. So ist es ein Unterschied, ob ständig wechselndes, einfach gebildetes Personal in Arbeitssystemen mit hohen Risiken agiert oder gut geschulte, erfahrene Beschäftigte.
- Prozesse sollen wesentliche Elemente des SGAMS sein. Die von der Norm geforderten Prozesse sollen durch weitere notwendige Prozesse ergänzt und die Wechselwirkungen berücksichtigt werden. SGA soll in allen Prozessen der Organisation berücksichtigt werden (z. B. Beschaffungs- oder Personalprozess).
- Das Topmanagement ist stärker gefordert als bisher. Die oberste Leitung muss Führungsverantwortung für die Sicherheit und Gesundheit bei der Arbeit der Beschäftigten und nachgeordneten Führungskräfte übernehmen, Engagement beweisen und dies nachweisen.
- Die Beschäftigten sollen stärker und spezifischer in die SGA einbezogen werden. Zudem sollen die Kompetenz und das Bewusstsein von Führung und Beschäftigten gestärkt, gefördert und nachgewiesen werden.
- Um die SGA zu verbessern, ist die Bewertung von Risiken und Chancen im Managementsystem selbst, in den Prozessen und in den einzelnen Systemelementen von besonderer Bedeutung. Chancen zur Verbesserung sollen nun in einem eigenen Prozess bewertet werden. Sie können sich u. a. aus Veränderungen ergeben, indem Risiken am Arbeitsplatz beseitigt oder Arbeitsbedingungen an die Bedürfnisse der Beschäftigten angepasst werden.
- Die Maßnahmenhierarchie soll für das Minimieren von Risiken im SGA berücksichtigt werden.
- Um durch interne Audits die Effektivität des SGAMS zu erhöhen, soll man sich an den Anforderungen der DIN ISO 19011 orientieren.
- Die Nachweise von nur punktuellen Verbesserungsmaßnahmen reichen nicht aus. Ursachenanalyse und eine nachhaltige Verbesserung des Systems (SGAMS) selbst muss gefunden und dargestellt werden.

0.6 Umstellung von BS OHSAS 18001:2007 auf DIN ISO 45001: 2018

Die OHSAS-Projektgruppe hat die ISO 45001:2018 vollständig überprüft und als Ersatz für BS OHSAS 18001:2007 befürwortet. Der Status für BS OHSAS 18001:2007 wurde somit zu »zurückgezogen« geändert. Es werden nun alle Wege zur Kommunikation verwendet, um die bisherigen Nutzer der BS OHSAS 18001:2007 über den neuesten Standard zu informieren.

Wenn eine Organisation ein Arbeitsschutzmanagementsystem nach BS OHSAS 18001:2007 erfolgreich implementiert hat und zertifiziert wurde, ist diese Zertifizierung noch drei Jahre nach Veröffentlichung der ISO 45001:2018 gültig, also bis 3/2021.

Wenn diese Organisationen nach ISO 45001:2018 zertifiziert werden wollen, sollten sie ihre Prozesse und Aufbaustrukturen noch einmal überprüfen und mögliche »Lücken« schließen (siehe auch Kap. 05 und Inhalte der DIN ISO 45001:2018). Nur so kann eine erfolgreiche Zertifizierung nach DIN ISO 45001 gewährleistet werden.

0.7 Aufbau und Vorbereitung der Zertifizierung nach DIN ISO 45001:2018

Um ein Managementsystem nach DIN ISO 45001:2018 aufzubauen und dieses für die Zertifizierung vorzubereiten, werden in den folgenden Kapiteln 1 bis 10 die Inhalte der Norm dargestellt. Nach den Überschriften der Normkapitel findet man den Originaltext der Norm in einem Kasten. Im Anschluss daran wird die Kernaussage des jeweiligen Normkapitels in Form von einer oder mehreren Leitfragen formuliert.

Danach wird in Form einer Handlungsanleitung dargestellt, wie die Normanforderung konkret in ein Managementsystem für Sicherheit und Gesundheit bei der Arbeit umgesetzt werden kann. Beispiele aus den Branchen Baugewerbe, Kommunikation und Pflege verdeutlichen die theoretisch formulierten Anforderungen in der Praxis.

Zu allen in der Norm geforderten Prozessen sind hier Vorschläge und weitere Dokumente zu finden – auch in Form von Arbeitsanweisungen und Formblättern, die die Prozesse unterstützen. Zahlreiche Dokumente sind auch in den Arbeitshilfen online verfügbar.

ARBEITSHILFE ONLINE

ARBEITSHILFE ONLINE

Anschließend werden Auditfragen gestellt, um noch einmal die wesentlichen Inhalte der Norm ins Zentrum zu rücken. Diese Fragen könnten im Rahmen eines Audits verwendet werden, um die Konformität mit der Norm zu prüfen (siehe auch Kap. 9.2). Die Auditfragen sind zusammengefasst auch in den Arbeitshilfen online zu finden.

Außerdem wird am Ende fast jeden Kapitels dargestellt, in welchen Zusammenhängen der aktuelle Normabschnitt zu anderen Kapiteln der Norm steht.

1 Anwendungsbereich

1 Anwendungsbereich (DIN ISO 45001:2018)

!

Dieses Dokument legt Anforderungen an ein Managementsystem für Sicherheit und Gesundheit bei der Arbeit (SGA-MS) fest und gibt eine Anleitung zur Anwendung, um Organisationen in die Lage zu versetzen, sichere und gesundheitsgerechte Arbeitsplätze bereitzustellen, indem arbeitsbedingte Verletzungen und Erkrankungen vermieden werden und ihre SGA-Leistung proaktiv verbessert wird.
Dieses Dokument gilt für jede Organisation, die beabsichtigt, ein SGA-Managementsystem festzulegen, zu verwirklichen und aufrechtzuerhalten, um die Sicherheit und Gesundheit bei der Arbeit zu verbessern, Gefahren zu beseitigen, SGA-Risiken (einschließlich Systemschwachstellen) auf ein Mindestmaß zu beschränken, Nutzen aus SGA-Chancen zu ziehen und mit Nichtkonformitäten bezüglich des SGA-Managementsystems umzugehen, die in Zusammenhang mit ihren Tätigkeiten stehen.
Dieses Dokument unterstützt eine Organisation dabei, die beabsichtigten Ergebnisse ihres SGA-Managementsystems zu erreichen. In Übereinstimmung mit der SGA-Politik der Organisation schließen die beabsichtigten Ergebnisse eines SGA-Managementsystems Folgendes ein:

a) fortlaufende Verbesserung der SGA-Leistung;
b) Erfüllung rechtlicher Verpflichtungen und anderer Anforderungen;
c) Erreichen von SGA-Zielen.

Dieses Dokument gilt für jede Organisation, ungeachtet ihrer Größe, Art und Tätigkeiten. Es gilt für die SGA-Risiken im Einflussbereich der Organisation, wobei Faktoren wie dem Kontext, in dem die Organisation tätig ist, sowie den Erfordernissen und Erwartungen ihrer Beschäftigten und anderer interessierter Parteien Rechnung getragen wird.
Dieses Dokument legt weder spezifische Kriterien für die SGA-Leistung fest noch enthält es Vorschriften für die Gestaltung eines SGA-Managementsystems.
Dieses Dokument versetzt eine Organisation in die Lage, durch ihr SGA-Managementsystem weitere Aspekte der Sicherheit und Gesundheit bei der Arbeit, wie arbeitsbezogenes Wohlbefinden/Wohlfühlen von Beschäftigten, einzubeziehen.
Dieses Dokument behandelt Themen wie Produktsicherheit, Sachschäden oder Umweltauswirkungen nicht über die Risiken für Beschäftigte und andere relevante interessierte Parteien hinaus.
Dieses Dokument kann im Ganzen oder in Teilen für die systematische Verbesserung des SGA-Managements genutzt werden. Es ist allerdings nicht zulässig, Konformität mit diesem Dokument zu beanspruchen, sofern nicht alle seine Anforderungen in das SGA-Managementsystem einer Organisation aufgenommen und ohne Ausnahme erfüllt sind.

Leitfrage: Ist das SGAMS für die gesamte Organisation gültig?

Das SGAMS sollte generell für die gesamte Organisation gelten. Es ist jedoch im Detail zu klären, worum es im Speziellen geht, worum nicht, wo die Grenzen liegen und worum es im Wesentlichen geht.

In Spezialfällen können auch Bereiche von der Anwendung des SGAMS ausgeschlossen werden: Zum Beispiel betreibt ein Bauunternehmen eine Zinkereianlage durch eine Tochterfirma auf einem anderen Grundstück. Die Wäscherei des Pflegeheims wäscht an einem anderen Standort. Oder der Vertrieb für ein Kommunikationsunternehmen agiert auch an Standorten in anderen Ländern.

Durch die Definition des Anwendungsbereichs soll jedoch nicht der Eindruck erweckt werden, dass die Organisation SGA-Risiken bewusst ausklammern möchte. Ein Bauunternehmen soll also die gefährlichen Arbeiten an der Fassade oder den Abbruch von asbestverseuchtem Material nicht bewusst outsourcen, um sich mit diesen Gefährdungen nicht auseinandersetzen zu müssen.

Alle SGA-Risiken, die in der Verantwortung der Organisation liegen, müssen berücksichtigt werden. Hinsichtlich der Maßnahmen können und dürfen wirtschaftliche, technische und/oder organisatorische Aspekte beachtet werden.

Der Schutz vor Arbeitsunfällen und Erkrankungen ist im Anwendungsbereich zu berücksichtigen. Die Sicherheit und Gesundheit der hergestellten Produkte oder zur Verfügung gestellten Dienstleistungen ist zwar wichtig, nicht aber Teil des Anwendungsbereichs der hier vorliegenden Norm. Sie wird in der Produktsicherheit und damit verbundenen Haftung geregelt. Also wird im SGAMS nicht geprüft, inwieweit der hergestellte Keller eines Gebäudes sicher ist und keine Stolperstellen aufweist oder ob eine Dienstleistung in der Pflege gesund für den Bewohner ist. Wünschenswert wäre dies und man kann davon ausgehen, dass sich das sichere und gesunde Arbeiten auf die Sicherheit und Gesundheit von Produkten und Dienstleistungen überträgt. Berücksichtigung im Anwendungsbereich und damit im SGAMS findet dies jedoch nicht.

Die Förderung von Gesundheit im Arbeitskontext ist sehr wohl Anforderungsaspekt im SGAMS und Teil des Anwendungsbereichs. Die Norm verlangt aber keine Aktivitäten zur Gesundheitsförderung im privaten Bereich. Werden im Callcenter Stimmtrainings durchgeführt, um Beschwerden und Erkrankungen des Stimmapparats zu minimieren, kann dies eine geeignete Maßnahme sein. Eine Ernährungsberatung muss jedoch nicht zwingend aufgrund der Norm stattfinden, wenn kein Bezug zum Arbeitssystem im Sinne eines Risikos oder einer Chance erkennbar ist.

Um den Anwendungsbereich des SGAMS in der Organisation festzulegen, könnten externe interessierte Parteien (wie z.B. Kunden, Lieferanten, Wirtschaftsberater, Berufsgenossenschaft, Anrainer) befragt werden. Anschließend kann in einem Workshop mit Führungskräften, ggf. Vertretern der Beschäftigten, externen und internen Beratern (also der Fachkraft für Arbeitssicherheit (FASI), dem Betriebsarzt (BA)) und/oder dem Beauftragten für das SGAMS (MB)) der Anwendungsbereich definiert werden.

Folgenden Fragen können dabei helfen:

- Worum geht es im Wesentlichen?
- Worum geht es nicht?
- Was sind die wesentlichen und größten SGA-Risiken?
- Welche SGA-Risiken werden ausgeklammert, weil sie nicht im Einflussbereich der Organisation stehen?
- Welche anderen Themen werden ausgeklammert?
- Welche Bereiche oder Zielgruppen werden ausgeklammert?

Auditfragen

- Ist das SGAMS für die gesamte Organisation gültig?
- Welche SGA-Risiken liegen im Einflussbereich?
- Wo sind die Grenzen des SGAMS insbesondere im Hinblick auf die Sicherheit der hergestellten Produkte, Umweltauswirkungen der Organisation und die Gesundheitsförderung bei der Arbeit und im privaten Bereich?

Zusammenhänge mit anderen Normkapiteln

Die Definition des Anwendungsbereichs ist notwendig, um den Kontext der Organisation (Kap. 4.1, 4.2 und 4.3) zu bearbeiten und zu bestimmen.

2 Normative Verweisungen

2 Normative Verweisungen (DIN ISO 45001:2018) !

Es gibt keine normativen Verweisungen in diesem Dokument.

Es gibt keine Verweisungen, die notwendigerweise berücksichtigt werden müssen, um DIN ISO 45001:2018 zu erfüllen. Verschiedene andere Normen helfen jedoch, die Norm zu verstehen, um so das SGAMS passend zu entwickeln und an den Schnittstellen folgerichtig anzuknüpfen. Hier sind folgenden Normen zu nennen:

DIN EN 31010	Risikomanagement
DIN EN ISO 9000	Qualitätsmanagementsysteme, Grundlagen und Begriffe
DIN EN ISO 9001	Qualitätsmanagementsysteme
DIN EN ISO 14001	Umweltmanagementsysteme
DIN EN ISO 19011	Leitfaden zur Auditierung von Managementsysteme
DIN ISO 26000	Leitfaden zur gesellschaftlichen Verantwortung
DIN ISO 37500	Leitfaden Outsourcing

Abb. 7: Weitere Normen zum erweiterten Verständnis von DIN ISO 45001:2018

Verschiedene andere Regularien müssen bei der Umsetzung der Norm in Deutschland berücksichtigt werden und z. B. in einem Rechtskataster zusammengefasst, eingeordnet und dargestellt werden.

Die rechtlichen Verpflichtungen sind i. d. R. mindestens die Abb. 8 »Einige zentrale Regularien im dualen Arbeitsschutz – rechtliche Verpflichtungen« dargestellten und werden in den Normkapiteln 4.2, 5.1, 6.1.3, 8.1.3, 9.1.1 und 9.1.2 explizit gefordert und sind zu berücksichtigen. Bei der Aufzählung liegt kein Anspruch auf Vollständigkeit vor. Sie wird sich je nach Branche und damit Arbeitsumgebung (Lärm, Staub), Arbeitsmaterialien (Blei, Zink, Nanotechnologie) oder Arbeitsmitteln (Strahlung, Pressen) im Detail v. a. bzgl. der Vorschriften der Unfallversicherungsträger und der Verordnungen des Staates unterscheiden:

Rechtliche Verpflichtungen	
EWG-Richtlinie 89/391	EU – Arbeitsschutz – Rahmenrichtlinie
§§3–14 ArbSchG	Umsetzung in Arbeitgeberpflichten
§§15–17 ArbSchG	Umsetzung in Arbeitnehmerpflichten
§§3 und 6 ASiG	Aufgaben arbeitsmedizinischer und sicherheitstechnischer Betreuung
§3 ArbStättV	Beurteilung psychischer Gefährdungen
§§80, 89–91 BetrVG	Reklamations- und Mitwirkungsrechte
§618 BGB	Arbeitgeberpflichten zum Schutz der Gesundheit
DGUV V1	Grundsätze der Prävention
DGUV V2	Vorschrift für Betriebsärzte und Fachkräfte für Arbeitssicherheit
AGG	Allgemeines Gleichbehandlungsgesetz
BetrSichV	Betriebssicherheitsverordnung
ArbMedVV	Verordnung zur arbeitsmedizinischen Vorsorge
StrlSchV	Verordnung über den Schutz vor Schäden durch ionisierende Strahlen – Strahlenschutzverordnung
LärmVibrationsArbSchV	Verordnung zum Schutz der Beschäftigten vor Gefährdungen durch Lärm und Vibrationen – Lärm- und Vibrations-Arbeitsschutzverordnung
GefStoffV	Verordnung zum Schutz vor Gefahrstoffen – Gefahrstoffverordnung

Abb. 8: Einige zentrale Regularien im dualen Arbeitsschutz – rechtliche Verpflichtungen

3 Begriffe

!

3 Begriffe (DIN ISO 45001:2018)

Für die Anwendung dieses Dokuments gelten die folgenden Begriffe.
ISO und IEC stellen terminologische Datenbanken für die Verwendung in der Normung unter den folgenden Adressen bereit:

- IEC Electropedia: unter http://www.electropedia.org/
- ISO Online Browsing Platform: unter http://www.iso.org/obp

3.1
Organisation
Person oder Personengruppe, die eigene Funktionen mit Verantwortlichkeiten, Befugnissen und Beziehungen hat, um ihre *Ziele* (3.16) zu erreichen

3.2
interessierte Partei (bevorzugte Benennung)
Anspruchsgruppe (zulässige Benennung)
Person oder *Organisation* (3.1), die eine Entscheidung oder Tätigkeit beeinflussen kann, die davon beeinflusst sein kann oder die sich davon beeinflusst fühlen kann

3.3
Beschäftigter
Person, die Arbeit oder arbeitsbezogene Tätigkeiten ausführt, die im Einflussbereich der *Organisation* (3.1) stehen

3.4
Beteiligung
Einbeziehung in die Entscheidungsfindung

3.5
Konsultation
Ansichten einholen, bevor eine Entscheidung getroffen wird

3.6
Arbeitsplatz
Ort im Einflussbereich der *Organisation* (3.1), an dem sich eine Person zu Arbeitszwecken aufhalten oder den sie zu Arbeitszwecken aufsuchen muss

3.7
Auftragnehmer
externe *Organisation* (3.1), die in Übereinstimmung mit vereinbarten Spezifikationen und Geschäftsbedingungen für die Organisation Dienstleistungen erbringt

3.8
Anforderung
Erfordernis oder Erwartung, das oder die festgelegt, üblicherweise vorausgesetzt oder verpflichtend ist

3.9
rechtliche Verpflichtungen und andere Anforderungen
rechtliche Verpflichtungen, die eine *Organisation* (3.1) erfüllen muss und andere *Anforderungen* (3.8), die eine Organisation erfüllen muss oder zu deren Erfüllung sich eine Organisation entschließt

3.10
Managementsystem
Satz zusammenhängender oder sich gegenseitig beeinflussender Elemente einer *Organisation* (3.1), um *Politiken* (3.14), *Ziele* (3.16) und *Prozesse* (3.25) zum Erreichen dieser *Ziele* festzulegen

3.11
Managementsystem für Sicherheit und Gesundheit bei der Arbeit
SGA-Managementsystem
Managementsystem (3.10) oder Teil eines *Managementsystems*, das/der zum Erreichen der *SGA-Politik* (3.15) angewendet wird.

3.12
oberste Leitung
Person oder Personengruppe, die eine *Organisation* (3.1) auf der obersten Ebene führt und steuert

3.13
Wirksamkeit
Ausmaß, in dem geplante Tätigkeiten verwirklicht und geplante Ergebnisse erreicht werden

3.14
Politik
Absichten und Ausrichtung einer *Organisation* (3.1), wie von der *obersten Leitung* (3.12) formell ausgedrückt

3.15
Politik für Sicherheit und Gesundheit bei der Arbeit
SGA-Politik
Politik (3.14) zur Prävention arbeitsbedingter *Verletzungen und Erkrankungen* (3.18) von *Beschäftigten* (3.3) und zur Bereitstellung sicherer und gesundheitsgerechter *Arbeitsplätze* (3.6)

3.16
Ziel
zu erreichendes Ergebnis

3.17
Ziel für Sicherheit und Gesundheit bei der Arbeit
SGA-Ziel
von einer *Organisation* (3.1) festgelegtes *Ziel* (3.16), um spezifische Ergebnisse in Übereinstimmung mit der *SGA-Politik* (3.15) zu erreichen

3.18
Verletzung und Erkrankung
nachteilige Auswirkung auf den physischen, psychischen oder kognitiven Zustand einer Person

3.19
Gefährdung
Ursache, die potentiell zu *Verletzung und Erkrankung* (3.18) führen kann

3.20
Risiko
Auswirkung von Ungewissheit

3.21
Risiko für Sicherheit und Gesundheit bei der Arbeit
SGA-Risiko
Kombination aus der Eintrittswahrscheinlichkeit arbeitsbezogener gefahrbringender Ereignisse oder Expositionen und der Schwere der *Verletzung und Erkrankung* (3.18), die durch die Ereignisse oder die Expositionen hervorgerufen werden kann

3.22
Chancen für Sicherheit und Gesundheit bei der Arbeit
SGA-Chancen
Umstand oder Reihe von Umständen, die zur Verbesserung der *SGA-Leistung* (3.28) führen können

3.23
Kompetenz
Fähigkeit, Wissen und Fertigkeiten anzuwenden, um beabsichtigte Ergebnisse zu erzielen

3.24
dokumentierte Information
Information, die von einer *Organisation* (3.1) gelenkt und aufrechterhalten werden muss, und das Medium, auf dem sie enthalten ist

3.25
Prozess
Satz zusammenhängender und sich gegenseitig beeinflussender Tätigkeiten, der Eingaben in Ergebnisse umwandelt

3.26
Verfahren
festgelegte Art und Weise, eine Tätigkeit oder einen *Prozess* (3.25) auszuführen

3.27
Leistung
messbares Ergebnis

3.28
Leistung von Sicherheit und Gesundheit bei der Arbeit
SGA-Leistung
Leistung (3.27), bezogen auf die *Wirksamkeit* (3.13) zur Prävention von *Verletzungen und Erkrankungen* (3.18) von *Beschäftigten* (3.3) und die Bereitstellung sicherer und gesundheitsgerechter *Arbeitsplätze* (3.6)

3.29
ausgliedern
eine Vereinbarung treffen, bei der eine externe *Organisation* (3.1) einen Teil einer Funktion oder eines *Prozesses* (3.25) einer Organisation wahrnimmt bzw. durchführt

3.30
Überwachung
Bestimmung des Zustands eines Systems, eines *Prozesses* (3.25) oder einer Tätigkeit

3.31
Messung
Prozess (3.25) zum Bestimmen eines Wertes

3.32
Audit
systematischer, unabhängiger und dokumentierter *Prozess* (3.25) zum Erlangen von Auditnachweisen und zu deren objektiver Auswertung, um zu bestimmen, inwieweit Auditkriterien erfüllt sind

3.33
Konformität
Erfüllung einer *Anforderung* (3.8)

3.34
Nichtkonformität
Nichterfüllung einer *Anforderung* (3.8)

3.35
Vorfall
Vorkommnis, das durch die Arbeit oder während der Arbeit auftritt und zu *Verletzungen und Erkrankungen* (3.18) führt oder führen könnte

3.36
Korrekturmaßnahme
Maßnahme zum Beseitigen der Ursache einer *Nichtkonformität* (3.34) oder eines *Vorfalls* (3.35) und zum Verhindern des erneuten Auftretens

3.37
fortlaufende Verbesserung
wiederkehrende Tätigkeit zum Steigern der *Leistung* (3.27)

Leitfragen

- Welche Begriffe sind geklärt?
- Welche Begriffe müssen geklärt und definiert werden?

Weitere notwendige Fragen zum Aufbau eines SGAMS:

- Welches Begriffsverständnis ist bei welchen Zielgruppen vorhanden und notwendig?
- Welches Begriffsverständnis ist bei welchen Zielgruppen zu schärfen?
- Welche weiteren Begriffe müssen geklärt und definiert werden?

Um eine optimale Wirksamkeit des SGAMS zu erreichen, muss in der gesamten Organisation ein einheitliches Verständnis der Begriffe vorliegen. Viele Begriffe sind in der DIN EN ISO 9000 und 9001 (vgl. DIN EN ISO 9000: 2015; DIN EN ISO 9001: 2015, S. 18 ff.) definiert und wurden in diese vorliegende Norm übertragen. Weitere, v. a. arbeitsschutzspezifische Begriffe liegen nun definiert vor. Begriffe, die für das SGAMS der Organisation notwendig sind, müssen noch definiert bzw. geklärt werden, damit ein einheitliches Verständnis der Begriffe des SGAMS bei allen notwendigen Zielgruppen innerhalb und außerhalb der Organisation (interne und externe Parteien) zugrundegelegt werden kann.

Dieses einheitliche Verständnis kann durch Workshops mit internen Parteien (v. a. Beschäftigten, Führungskräften, Beauftragten und Beratern) und in Form von Gesprächen mit externen Parteien (Kunden, Lieferanten, Beratern, Fremdfirmen, Aufsichtsbehörden) erfolgen. Dazu müssen im Vorfeld weitere wichtige Normen, rechtliche Verpflichtungen und andere Anforderungen recherchiert werden. Anschließend werden die Begriffe an alle Parteien kommuniziert.

4 Kontext der Organisation

4.1 Verstehen der Organisation und ihres Kontextes

4 Kontext der Organisation (DIN ISO 45001:2018) !

4.1 Verstehen der Organisation und ihres Kontextes
Die Organisation muss externe und interne Themen bestimmen, die für ihren Zweck relevant sind und sich auf ihre Fähigkeit auswirken, die beabsichtigten Ergebnisse ihres SGA-Managementsystems zu erreichen.

Leitfrage: Wurden interne und externe Themen, die das SGAMS beeinflussen, bestimmt?

Es müssen also Themen, die das SGAMS beeinflussen, festgelegt werden. Diese Themen können sich aus rechtlichen, wettbewerblichen, kulturellen und/oder sozialen Zusammenhängen ergeben. Internationale, nationale, regionale oder lokale Aspekte müssen ebenso beachtet werden. Das können zum Beispiel psychische Belastungen durch Kunden oder Angehörige (Pflegebranche) (extern), Fachkräftemangel (Bau- und Pflegebranche) in bestimmten Regionen (extern) oder eine hohe Unfallquote in der Baubranche, eine hohe Verletzungsquote in der Pflege oder eine hohe Erkrankungsquote in der Kommunikationsbranche (intern) sein. Möglich sind auch Probleme mit neuen Materialien (intern) in der Fertigung oder neuer Software in der Kommunikationsbranche (intern). Aufgrund des schnellen Wandels und der Komplexität unserer Arbeitswelt können sich die Themen täglich ändern und sind den Führungskräften oft nicht sofort, sondern erst später bekannt. Deshalb müssen verschiedene Informationskanäle systematisch organisiert und Zielgruppen – insbesondere die Beschäftigten – kontinuierlich einbezogen werden, damit der »Themenspeicher« (siehe unten) zeitnah gefüllt wird.

Es gilt, relevante interne Themen zu bestimmen: Werte, Kultur, Wissen, Leistung, Veränderungen, Organisationsstruktur, Strategie, Schwerpunkte von Verletzungen und Erkrankungen bei der Arbeit. Dasselbe gilt für relevante externen Themen: Gesetze, Kunden, Zulieferer, Markt, Branchen und technische Veränderungen.

Die SWOT-Analyse (Bestimmen der Stärken, Schwächen, Chancen und Risiken) kann dabei helfen, nicht nur Problemthemen zu definieren, sondern sich auch der Stärken und Chancen bewusst zu werden. In regelmäßigen Workshops mit Führungskräften, internen und externen Experten, aber auch Beschäftigten können notwendige Themen gefunden werden. Der »Themenspeicher« wird tagesaktuell und ohne Barrieren anonym, digital oder analog gefüllt. Zu diesem »Themenspeicher« sollen alle Beschäftigten Zugriff haben (vgl. Wollny & Paul, 2014, S. 64 ff.).

Ein Themenspeicher könnte z. B. wie folgt aussehen:

Interne Themen	Externe Themen
Keine ausreichende Sensibilität bei Führungskräften	Hohe Unfallrate von externen Organisationen in der Organisation
Geringes Commitment bzgl. Gefahren und Verhalten bei den Beschäftigten	Keine vorliegende Gefährdungsbeurteilung bei externen Organisationen
Hohe Veränderungsquote (neue Maschinen, neue Prozesse)	Hoher Kostendruck vom Markt, trotz erhöhten Arbeitsschutzvorgaben
Hohe Erkrankungsquote bei Nachtschichtarbeiten	Neue Materialien (Nanotechnologie)
	Industrie 4.0

Abb. 9: Interne und externe Themen

Auditfrage: Hat die Organisation interne und externe Themen, die das SGAMS beeinflussen, bestimmt?

Zusammenhänge mit anderen Normkapiteln

Durch eine Themensammlung werden die Anforderungen der interessierten Parteien, der Kontext der Organisation (4.2 und 4.3) und die SGA-Politik (5.2) gespeist.

Die Ansichten der Beschäftigten bzgl. der Themen sollen eingeholt (5.4) und bei den Maßnahmen zum Umgang mit Risiken und Chancen berücksichtigt werden (6.1).

4.2 Verstehen der Erfordernisse und Erwartungen von Beschäftigten und anderen interessierten Parteien

!

4.2 Verstehen der Erfordernisse und Erwartungen von Beschäftigten und anderen interessierten Parteien (DIN ISO 45001:2018)

Die Organisation muss bestimmen:

a) die anderen interessierten Parteien, zusätzlich zu den Beschäftigten, die für ihr SGA-Managementsystem relevant sind;

b) die relevanten Erfordernisse und Erwartungen (d.h. Anforderungen) von Beschäftigten und anderen interessierten Parteien;
c) welche dieser Erfordernisse und Erwartungen rechtliche Verpflichtungen und andere Anforderungen sind oder zu solchen werden könnten.

Leitfrage: Wurden die Vorstellungen und Ansprüche von externen und internen interessierten Parteien festgelegt und Regularien im Sinne von rechtlichen Verpflichtungen und anderen Anforderungen bestimmt?

Dazu müssen neben den Beschäftigten und Führungskräften auch andere interessierte Parteien bestimmt werden (z.B. Lieferanten, Beauftragte, Führungskräfte, Arbeitsschutzbehörden, Mitbewerber ...). Die Erfordernisse und Erwartungen (d.h. Anforderungen) der Beschäftigten, Führungskräfte und weiterer interessierter Parteien müssen bestimmt werden. Es ist zu klären, welche dieser Anforderungen rechtliche Verpflichtungen und andere Anforderungen sind oder zu solchen werden können. Sinnvoll ist es, den jeweiligen interessierten internen und externen Parteien die jeweiligen Anforderungen in einem Formblatt (siehe Abb. 10 »Formblatt zu interessierten Parteien, Anforderungen und zu ergreifenden Maßnahmen«) zuzuordnen, um so die Übersicht zu bewahren. Die Anforderungen können unterschiedlicher Natur sein:

- Kunden ist es wichtig, die Gefährdungen, die von Bauarbeiten ausgehen, im Vorfeld zu kennen (rechtlich notwendig).
- Anwohner wollen über Erweiterungsbauten (Pflege) und die Aufstellung weiterer Maschinen (Lärmexposition) informiert werden (rechtlich nicht immer notwendig).
- Interne Beauftragte (Sicherheitsbeauftragte und Brandschutzhelfer im Kommunikationsunternehmen) wollen über neue Verordnungen im Arbeitsschutz informiert werden (rechtlich notwendig).

Neben der Darstellung der Anforderungen der interessierten Parteien ist es sinnvoll, die notwendigen Maßnahmen abzubilden.

ARBEITSHILFE ONLINE

Interessierte Parteien		**Anforderungen**	**Rechtl. Verpflichtungen**	**Umsetzung/ Maßnahme**	**Dokumentierte Information**
intern	**extern**				

Abb. 10: Formblatt zu interessierten Parteien, Anforderungen und zu ergreifenden Maßnahmen

Interne interessierte Parteien können dabei Führungskräfte, Beschäftigte, Beauftragte, Vertreter der Beschäftigten und Experten (BA, FASI) sein.

Denkbar sind folgende externen interessierten Parteien: externe Kapitalgeber, Aktionäre, Gläubiger, Konkurrenten oder Mitbewerber, Kunden, Anwohner, die örtliche oder überregionale Gesellschaft, Lieferanten, Staat (Gesetzgeber oder Behörden (Gewerbeaufsichtsamt)) oder Berufsgenossenschaften.

In Workshops mit Führungskräften, externen und internen Beratern, ggf. auch Beschäftigten oder deren Vertretern können die Anforderungen erfragt und besprochen werden. Mit externen Parteien kann dies auch in Form einer Befragung stattfinden.

Auditfragen

- Hat die Organisation Anforderungen von interessierten Parteien (extern und intern) bestimmt?
- Hat die Organisation bestimmt, welche Anforderungen zu rechtlichen Verpflichtungen oder anderen Anforderungen werden könnten?

Zusammenhänge mit anderen Normkapiteln

Notwendig ist die Ermittlung der interessierten Parteien, um den Kontext der Organisation und den Anwendungsbereich (4.3) zu bestimmen. Überlegungen zu rechtlichen Verpflichtungen fließen in die Verantwortung der Führung (5.1) und die SGA-Politik (5.2) ein. Berücksichtigung findet dieses Normkapitel auch beim Anhören von Beschäftigten (5.4).

4.3 Festlegen des Anwendungsbereichs des SGA-Managementsystems

!

4.3 Festlegen des Anwendungsbereichs des SGA-Managementsystems (DIN ISO 45001:2018)

Die Organisation muss die Grenzen und die Anwendbarkeit des SGA-Managementsystems bestimmen, um dessen Anwendungsbereich festzulegen.
Bei der Festlegung dieses Anwendungsbereichs muss die Organisation:

a) die unter 4.1 genannten externen und internen Themen berücksichtigen;
b) den unter 4.2 genannten Anforderungen Rechnung tragen;
c) den geplanten oder durchgeführten arbeitsbezogenen Tätigkeiten Rechnung tragen.

Das SGA-Managementsystem muss die Tätigkeiten, Produkte und Dienstleistungen einschließen, die der Zuständigkeit oder dem Einfluss der Organisation unterliegen und die sich auf die SGA-Leistung der Organisation auswirken können.
Der Anwendungsbereich muss als dokumentierte Information verfügbar sein.

Leitfrage: Hat die Organisation den Anwendungsbereich definiert und dokumentiert, indem Grenzen, interne Aspekte, externe Anforderungen, interessierte Parteien und Regularien beachtet wurden?

Zur Vorbeugung von Missverständnissen müssen der Anwendungsbereich des SGAMS sowie seine Grenzen festgelegt werden. Dabei müssen die Themen berücksichtigt werden, die für SGA wichtig sind. Die Wahl der Grenzen soll nicht genutzt werden, um wichtige Themen für SGA der Organisation auszuschließen. Die Organisation soll durch den Anwendungsbereich deutlich machen, dass sie sich um alle wichtigen SGA-Themen kümmert.

Es ist möglich, in Workshops mit Führungskräften, externen oder internen Experten, ggf. Beschäftigten und externen Partnern sowie in Gesprächen mit Subunternehmern und anderen externen Parteien den Anwendungsbereich zu bestimmen, indem folgende Aspekte berücksichtigt werden:

- Festlegung der Grenzen und die Anwendbarkeit des SGAMS (siehe auch Kap. 1 (Anwendungsbereich))
- interne und externe Themen (siehe auch 4.1)
- Erfordernisse und Erwartungen der internen und extern interessierten Parteien (siehe auch 4.2)
- Anforderungen und rechtliche Verpflichtungen (siehe auch 4.2)

Geplante und durchgeführte Tätigkeiten müssen bei der Definition des Anwendungsbereichs genauso berücksichtigt werden wie Tätigkeiten, Produkte und Dienstleistungen, die in der Zuständigkeit oder im Einflussbereich der Organisation liegen und sich auf deren SGA-Leistung auswirken können. Der Anwendungsbereich muss als dokumentierte Information vorliegen. Hier ein Beispiel eines Anwendungsbereichs aus der Baubranche:

Ein Beispiel aus der Baubranche !

Als Organisation möchten wir im Hochbau für unsere Kunden, unsere Beschäftigten und Suborganisationen sowie auch andere Unternehmen auf der Baustelle sichere und gesunde Arbeitsbedingung schaffen und Unfälle und Verletzungen verhindern. Dies erweist sich aufgrund folgender Aspekte schwierig:

1. Hohes Risiko auf Baustellen
2. Teilweise ungelernte Arbeitskräfte
3. Hoher Preisdruck
4. Sprachliche Barrieren auch bei Fremdfirmen, Kooperationspartnern und Suborganisationen
5. Sich schnell verändernde Situationen am Bau
6. Hoher Zeitdruck auch aufgrund von Veränderungen von Kundenseite oder nicht erhaltenen Vorgaben

Abb. 11: Anwendungsbereich der Organisation

Auditfrage: Hat die Organisation den Anwendungsbereich des SGAMS definiert und dokumentiert, indem sie die Grenzen festgelegt sowie interne und externe Themen, Anforderungen interessierter Parteien und die Tätigkeiten, Produkte und Dienstleistungen berücksichtigt, die in der Zuständigkeit und im Einflussbereich der Organisation liegen?

Zusammenhänge mit anderen Normkapiteln

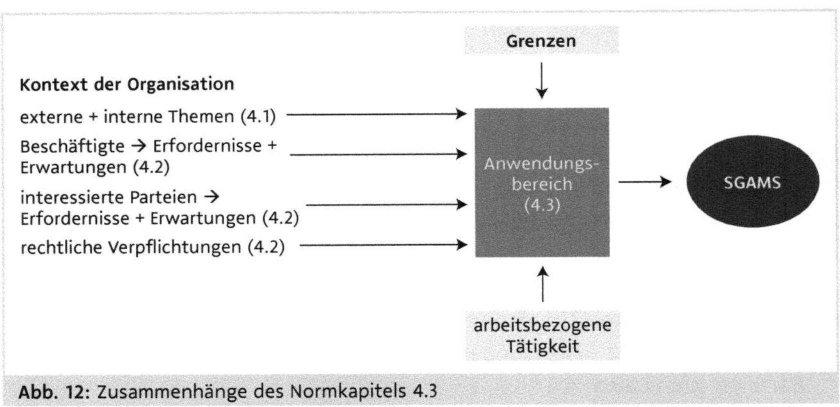

Abb. 12: Zusammenhänge des Normkapitels 4.3

4.4 SGA-Managementsystem

!

4.4 SGA-Managementsystem (DIN ISO 45001:2018)

Die Organisation muss entsprechend den Anforderungen dieses Dokuments ein SGA-Managementsystem aufbauen, verwirklichen, aufrechterhalten und fortlaufend verbessern, einschließlich der benötigten Prozesse und ihrer Wechselwirkungen.

Leitfrage: Wurde das SGAMS aufgebaut und sind Prozesse und ihre Abhängigkeiten im SGAMS dargestellt?

Das SGAMS muss entsprechend den Anforderungen dieser Norm Prozesse definieren, implementieren, gegebenenfalls fortlaufend verbessern und dabei die Wechselwirkungen der Prozesse berücksichtigen. Es muss geprüft werden, welche der geforderten und notwendigen Prozesse schon existieren. Gegebenenfalls müssen die Prozesse weiterentwickelt, angepasst und verbessert oder neue Prozesse gestaltet werden.

Die von der Norm geforderten Prozesse sind folgende, welche auf den nächsten Seiten dargestellt sind:

Von der Norm geforderte Prozesse

!

- Prozess »Beschaffung, Besucher Fremdfirmen«
- Prozess »Rolle, Verantwortung, Befugnisse der Organisation«
- Prozess »Konsultation und Beteiligung von Beschäftigten«
- Prozess »Gefährdungsbeurteilung, Beurteilung von Chancen«
- Prozess »Ermittlung von Risiken und Chancen«
- Prozess »Bestimmung rechtlicher Vorschriften und sonstiger Anforderungen«
- Prozess »Kompetenz«
- Prozess »Interne/externe Kommunikation«
- Prozess »Lenkung von dokumentierten Informationen«
- Prozess »Notfallplanung und Reaktion«
- Prozess »Bewertung der Leistung«
- Prozess »Vorfalluntersuchung Nichtkonformität und Korrekturmaßnahmen«

Abb. 13: Notwendige Prozesse nach DIN ISO 45001

Die Prozesse können in Form von Flussdiagrammen dargestellt oder anderweitig beschrieben werden. Es soll ein Verantwortlicher für den Prozess (Prozesseigner) und/oder die Prozessschritte benannt werden. Für die Umsetzung der Prozessschritte soll ebenfalls ein Verantwortlicher benannt werden und wer über diese informiert wird. Arbeitsanweisungen, Formblätter oder andere Dokumente können den Prozess bei der Umsetzung unterstützen. Ebenso muss innerhalb der Prozesse auf andere Prozesse verwiesen werden (Wechselwirkungen).

Um alle notwendigen Prozesse für ein SGAMS zu benennen, zu definieren und zu beschreiben, kann man wie folgt vorgehen: Zunächst müssen die aufgrund der Norm, der rechtlichen Verpflichtungen und anderer Anforderungen notwendigen SGA-spezifischen und SGA-relevanten Prozesse genauer betrachtet werden. SGA-relevante Prozesse sind diejenigen, denen SGA-Aspekte innewohnen. Dazu zählen zum Beispiel der Beschaffungsprozess oder der Personalprozess – von der Auswahl des Beschäftigten bis zur Kündigung. SGA-spezifische Prozesse sind die Prozesse, die zum Management der SGA-Welt unbedingt notwendig sind. Dazu zählen der Prozess der Gefährdungsbeurteilung, der Prüfung von Arbeitsmitteln oder der arbeitsmedizinischen Vorsorge. Von der Norm werden bestimmte Prozesse gefordert (siehe Abb. 13 »Notwendige Prozesse nach DIN ISO 45001«). Andere Prozesse sind aufgrund der bestehenden rechtlichen Vorgaben notwendig und sinnvoll. Weitere Prozesse gilt es zu benennen, da sie das SGAMS in ihrer Wirksamkeit unterstützen.

Die benannten Prozesse sind mit schon bestehenden Prozessen abzugleichen. Alle Kern-, Führungs- und Unterstützungsprozesse sind für diesen Abgleich heranzuziehen. Die fehlenden und schon bestehenden Prozesse müssen gesammelt und geclustert werden. Es muss zwischen SGA-relevanten und SGA-spezifischen Prozesse unterschieden werden.

Alle in diesem Buch genannten Prozesse haben keinen Anspruch auf Vollständigkeit. Die Organisation selbst muss entscheiden, ob ein Prozess für sie sinnvoll oder sogar notwendig für ihr SGAMS ist. Ein Prozess zur persönlichen Schutzausrüstung (PSA) kann für ein Bauunternehmen sinnvoll sein, für ein Kommunikationsunternehmen kann die Facility-Abteilung möglicherweise die Erprobung, den Einkauf, das Lagern und das Ausgeben der PSA auch nur durch eine Arbeitsanweisung regeln und auf eine Prozessdefinition und -beschreibung verzichten.

Hat man einen Überblick über die Prozesse erlangt, definiert man die Prozesse, die man für das SGAMS als notwendig erachtet. Die schon bestehenden Prozesse werden überprüft und ggf. bzgl. SGA erweitert. Die von der Norm geforderten Prozesse und weitere notwendige Prozesse werden gestaltet. Die Schnittstellen, Wechselwirkungen und Verbindungen der Prozesse untereinander werden anschließend analysiert und hinsichtlich ihrer Divergenz geprüft.

Prozesse können in Flussdiagrammen dargestellt werden, verpflichtend ist dies jedoch nicht. Die visuelle Darstellung von Prozessen in Flussdiagrammen ermöglicht einen schnellen Überblick. Manchmal ist es jedoch einfacher, die Prozesse zu beschreiben.

In der folgenden Abbildung ist eine mögliche Vorgehensweise dargestellt, um einen Prozess zu beschreiben. Die DIN 66001 (vgl. Hering, 1984) gibt hierzu bestimmte Vorgaben für ein Flussdiagramm oder einen Programmablauf.

ARBEITSHILFE ONLINE

Prozessbeschreibung sowie mitgeltende Unterlagen	V	D	M	I	Anmerkung
Anfang Musterprozess Nein / Nein / Ja / Ja					
	PA	PA		BR B	
FB 1 | 2	PA	PA	MA		
Nein – weiter – Ja					
FB 3 | 4 | 10	B	B	MA BR		
Nein / Ja FB 5	B	B	ggf. MA	BR	
Nein / Ja Dokument 1 Dokument 2	B	B	MA FK ggf. BR	BR	
Nein / Ja FB 6					
FB 7	FK	FK	B MA	BR	
Ja / Nein / Ja	B	B	FK	MA BR UL	
Nein / Ja Ende Musterprozess FB 8 | 9	FK	MA		B UL BR	

Legende:		FB = Formblatt	
V = Verantwortung	IT = Integrationsteam (zurzeit noch nicht geplant)	FB 1: Formblatt 1	FB 6: Formblatt 6
D = Durchführung	FK = Führungskraft	FB 2: Formblatt 2	FB 7: Formblatt 7
M = Mitwirkung	UL = Unternehmensleitung	FB 3: Formblatt 3	FB 8: Formblatt 8
I = Information	MA = Mitarbeiter	FB 4: Formblatt 4	FB 9: Formblatt 9
	B = Person 1	FB 5: Formblatt 5	FB 10: Formblatt 10
	BR = Betriebsrat		
	PA = Personalabteilung		

Abb. 14: Vorlage für eine Prozessbeschreibung in Anlehnung an die DIN 66001

Arbeitsanweisungen, Formblätter oder andere Dokumente konkretisieren die Prozesse. Es gilt, die gestalteten Prozesse mit internen und ggf. externen Experten, Beauftragten und Beschäftigten abzustimmen und in der Praxis zu testen.

Es ist sinnvoll, die bestehenden Prozesse in einer Übersicht zu visualisieren. In der folgenden Abbildung sind die notwendigen und definierten Prozesse eines integrierten Managementsystems dargestellt: eines Qualitätsmanagementsystems und eines SGAMS.

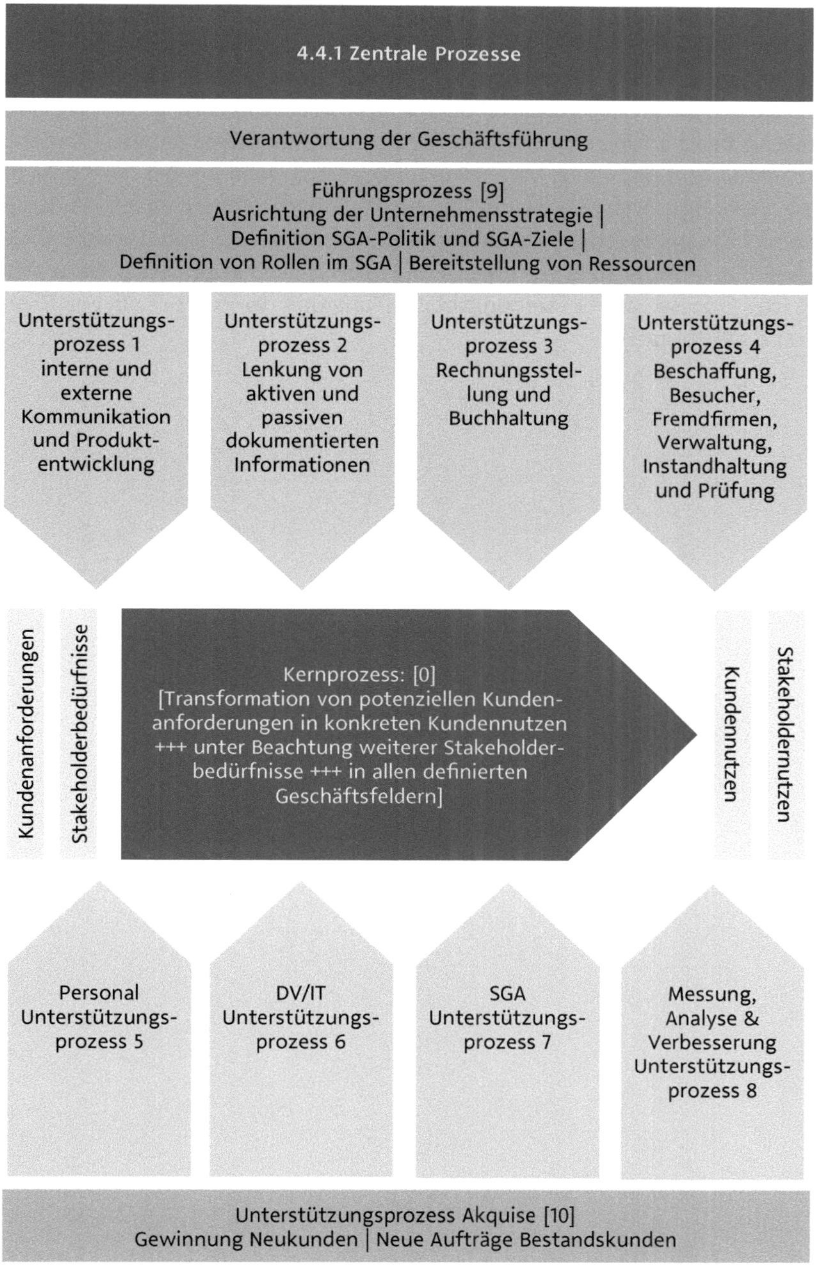

Abb. 15: Überblick über alle von einer Organisation definierten Prozesse für ein integriertes Managementsystem – SGA-Prozesse findet man v. a. im Unterstützungsprozess 7

Welche Wechselwirkungen der Prozesse untereinander bestehen, sollte man genauer betrachten, um Unterstützung, aber auch Divergenzen von Prozessen zu erkennen. Der Prozess der Vorfalluntersuchung kann zum Beispiel den Prozess der Gefährdungsbeurteilung unterstützen. Dasselbe gilt für den Prozess der Beschaffung und Prüfung. Divergenzen könnte es bei den Prozessen Arbeitsmedizin und Rolle, Verantwortung geben, wenn ein Beschäftigter bei einer Eignungsuntersuchung die Eignung für z. B. das Führen eines Gabelstaplers nicht mehr bescheinigt bekommt. Andere Prozesse, insbesondere diejenigen, die ähnliche Ziele verfolgen, unterstützen sich gegenseitig. Dazu zählt z. B. der Prozesse der Gefährdungsbeurteilung und der Beurteilung von Chancen und Prüfungen.

Wechselwirkung der Prozesse	4.4.2 Prozess »Beschaffung, Besucher Fremdfirmen«	4.4.3 Prozess »Prüfung«	4.4.4 Prozess »Arbeitsmedizin«	4.4.5 Prozess »Rolle, Verantwortung, Befugnisse der Organisation«	4.4.11 Prozess »Lenkung von dokumentierten Informationen«	4.4.12 Prozess »Notfallplanung und Reaktion«	4.4.13 Prozess »Bewertung der Leistung«	4.4.14 Prozess »Vorfalluntersuchung Nichtkonformität und Korrekturmaßnahmen«
4.4.2 Prozess »Beschaffung, Besucher Fremdfirmen«		X						
4.4.3 Prozess Prüfung	X							
4.4.4 Prozess »Arbeitsmedizin«				X				
4.4.5 Prozess »Rolle, Verantwortung, Befugnisse der Organisation«			X					
4.4.11 Prozess »Lenkung von dokumentierten Informationen«								
4.4.12 Prozess »Notfallplanung und Reaktion«								
4.4.13 Prozess »Bewertung der Leistung«								
4.4.14 Prozess »Vorfalluntersuchung Nichtkonformität und Korrekturmaßnahmen«								

Abb. 16: Wechselwirkungsmatrix der existenten Prozesse im SGAMS

Wie konkret der Prozess »Gefährdungsbeurteilung und Beurteilung von Chancen« aussehen könnte, ist aus der folgenden Abbildung ersichtlich. Die von der Norm geforderten Prozesse der Ermittlung und Bewertung von Gefährdungen/SGA-Risiken und Chancen, der Umsetzung von Maßnahmen und der Wirksamkeitsprüfung wurde zusammengefasst.

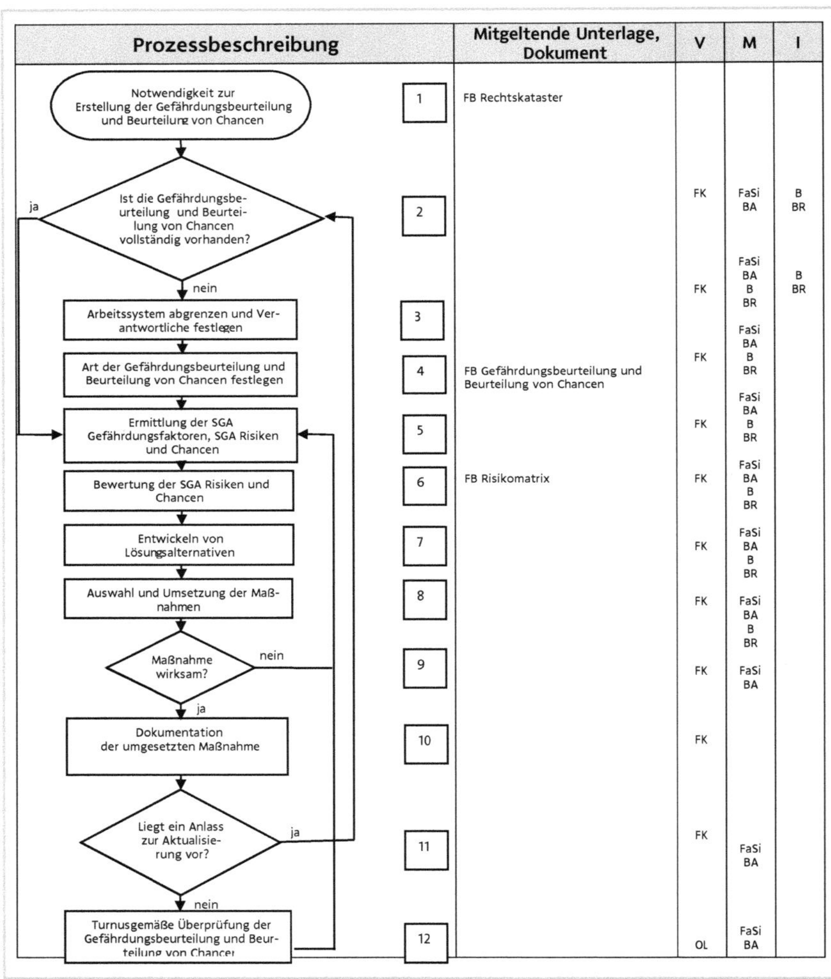

Abb. 17: Prozess »Gefährdungsbeurteilung und Beurteilung von Chancen«

Die Prozessbeschreibung gibt hier in zwölf Schritten den Ablauf des Abgrenzens des Arbeitssystems, der Ermittlung der Gefährdungen (6.1.2.1), des Bewertens von SGA-Gefährdungen (6.1.2.2), SGA-Risiken und SGA-Chancen (6.1.2.3) und des Entwickelns/Planens (6.1.4), der Auswahl, der Umsetzung (8.1.2) und der Wirkungskontrolle von Maßnahmen (9.1) vor.

Die Umsetzung und notwendige Dokumentation erfolgt in einem weiteren Formblatt, im Prozess wird darauf verwiesen:

ARBEITSHILFE ONLINE

[Kunden-logo/ -name]	**Gefährdungsbeurteilung und Beurteilung von Chancen** (gem. ArbSchG, ChemG, IfSG, MuSchG, JArbSchG, SGBen und deren Konkretisierungen)				**Verantwortlicher:**			
					Betriebsarzt:			
	[Abteilung]		[Datum]		**Fachkraft für Arbeitssicherheit:**			
Arbeitsbereich/ Arbeitsplatz	**Tätigkeit/ Arbeitsmittel/ Themen**	**Gefährdungsfaktor/ Beschreibung der Gefährdung**	**Schutzziele** ROT: Vorsorge/Eignung BLAU: weiterführende Dokumentationen	**Risiko aktuell**	**Offene Maßnahmen/ Bemerkung**	**Ausführender**	**Termin**	**Status**
Allgemeiner Teil								
Baustelle	Arbeiten auf Baustellen/ Gerüsten	Absturzgefahr	Entweder Kollektivabsturzsicherung, oder geeignete persönliche Schutzausrüstung (rutschfeste Sicherheitsschuhe, PSA gegen Absturz) bereitstellen, auf geeignete Aufstiege achten, Personal muss zur Höhenarbeit geeignet sein Arbeitsmedizinische Eignungsuntersuchung bei Arbeiten mit Absturzgefahr (ehem. G41) durchführen		PSA nur bei kurzfristigen (< 4 Std.) Arbeiten			
Baustelle	Arbeiten auf Baustellen/ Gerüsten	Gefährdung durch Gerüst/ Absturzgefahr	Schutzgeländer (auf Hüft- und Kniehöhe) Schutzabdeckungen (gegen Absturz und Herabfallen von Werkzeug) Kennzeichnung und Hinweisschilder »Zutritt für Unbefugte verboten«					
Callcenter	Lärm durch Telefonie	Physikalische Gefährdung - Lärm, stimmliche Belastung	Ausreichend Lärmdämmung Verhinderung von Echobildung, Stimmtraining, Tragen von Kopfhörern		Stimmtraining in der Einführungswoche			
Pflege	Heben, Halten, Tragen	Physische Belastung durch: sehr hohe Häufigkeit mit leichten Lasten > 5 kg Regelmäßigkeit mit schweren Lasten > 15 kg oder sehr ungünstige Körperhaltungen	Tätigkeitenwechsel Einsatz mehrerer Mitarbeiter Hebehilfen bereitstellen Jährliche Unterweisung Arbeitsmedizinische Wunsch- oder Angebotsvorsorge bei erhöhten Belastungen des Muskel-Skelett-Systems (ehem. G46) durchführen		Regelmäßige Kontrolle der Führungskräfte bezüglich des Einsatzes von Hebehilfen			

Abb. 18: Formblatt »Gefährdungsbeurteilung und Beurteilung von Chancen«

Erreicht man mit dem Prozess den gewünschten Nutzen bzw. das gewünschte Ergebnis, kann er zur Umsetzung freigegeben werden. Zuvor muss der Prozess inklusive der verwendeten Arbeitsanweisung, Formblätter oder anderen Dokumente jedoch mit den Verantwortlichen besprochen, mit den Experten diskutiert und mit den Beauftragten und Beschäftigten erprobt werden. Erst wenn die Passung und Wirksamkeit des Prozesses überprüft wurde, sollte er von der obersten Leitung freigegeben werden.

Die ISO 9001 verlangt unter 4.4.1c »die Kriterien und Verfahren (einschließlich Überwachung, Messung und die damit verbundenen Leistungsindikatoren), die benötigt werden, um das wirksame Durchführen und Steuern dieser Prozesse sicherzustellen, bestimmen und anwenden;« explizit Ziele oder Ergebnis-/Leistungsindikatoren für Prozesse (vgl. DIN EN ISO 9001, 2015, S. 20 ff.).

Die ISO 45001 verlangt eine fortlaufende Verbesserung. Dadurch, dass in der ISO 45001 jedoch auch Prozesse integriert werden sollen, die nicht nur SGA-spezifisch sind (Beschaffungs-, Wartungs-, Personal-, Entwicklungs-, Vertriebsprozesse) und die ISO 45001 nicht allein in Organisationen umgesetzt wird, sondern oft bereits ein Qualitätsmanagement nach ISO 9001 existiert, ist es sinnvoll, der »fortlaufenden Verbesserung« als Normanforderung durch Leistungsindikatoren oder Prozessziele für alle Prozesse eine Basis zu geben. Leistungsindikatoren können sich an der Wirksamkeit (Effektivität), aber auch an der Wirtschaftlichkeit (Effizienz) orientieren.

Insgesamt soll jedoch nicht der Eindruck entstehen, dass damit weiterer erheblicher Aufwand für das Managementsystem entsteht. Die Ziele oder Leistungsindikatoren sollen einfach und schnell erhoben werden können. Auch ein subjektives Rating eines Experten gilt als verwertbarer Indikator, um den Prozess ggf. zu verbessern.

Beispiele aus der Bau-, Pflege- und Telekommunikationsbranche !

In der Baubranche könnte der Prozess »Gefährdungsbeurteilung und Beurteilung von Chancen« aufgrund der ständigen Veränderungen am Bau hinsichtlich Aktualität und Risikominimierung bewertet werden. Leistungsindikatoren könnten damit so gestaltet werden, dass das Überprüfungsdatum der Gefährdungsbeurteilung mit jedem neuen Bau oder Bauabschnitt kompatibel ist und sich durch die Maßnahmen eine Risikominimierung ergeben hat. Wenn dieser Wert durch die mit den Maßnahmen verbundenen Kosten dividiert wird, könnte ein neuer effizienzbasierter Leistungsindikator generiert werden.
In der Pflegebranche könnten für den Prozess der Vorsorge Leistungsindikatoren zur Akzeptanz und Zufriedenheit erhoben werden. Die Personalabteilung fragt bei

den Beschäftigten per Telefon nach. Zur Beurteilung der Effizienz wäre es denkbar, ein Ziel zu definieren und die durchschnittliche Zeit pro Vorsorge zu erheben.
Für den Prozess der Konsultation und Beteiligung von Beschäftigten in der Telekommunikationsbranche wäre ein Leistungsindikator von eingereichten Vorschlägen sinnvoll, um die Effektivität des Prozesses nachzuweisen.

Die Prozesse sollten mindestens einmal jährlich überprüft werden und mit einer möglichen Verifikation im Rahmen eines internen Audits in die Managementbewertung einfließen (siehe auch 9.2). Bei nicht ausreichender Wirksamkeit, Veränderungen rechtlicher Verpflichtungen oder anderer Anforderungen, Nichtkonformität, Vorfällen, Korrekturmaßnahmen oder Verbesserungen muss eine Änderung, Weiterentwicklung und Verbesserung der Prozesse eingeleitet werden.

Auditfragen

- Wurde ein SGAMS aufgebaut, umgesetzt und verbessert – inklusive der benötigten Prozesse?
- Wurden die Wechselwirkungen der Prozesse beachtet?

Zusammenhänge mit anderen Normkapiteln

Alle Normkapitel, in denen Prozesse gefordert werden (siehe Abb. 13 »Notwendige Prozesse nach DIN ISO 45001«).

5 Führung und Beteiligung der Beschäftigten

5.1 Führung und Verpflichtungen

5 Führung und Beteiligung der Beschäftigten (DIN ISO 45001:2018)

!

5.1 Führung und Verpflichtung
Die oberste Leitung muss in Bezug auf das SGA-Managementsystem Führung und Verpflichtung zeigen, indem sie:

a) die Gesamtverantwortung und Rechenschaftspflicht zur Prävention arbeitsbezogener Verletzungen und Erkrankungen sowie zur Bereitstellung sicherer und gesundheitsgerechter Arbeitsplätze und Tätigkeiten übernimmt;
b) sicherstellt, dass die SGA-Politik und die damit verbundenen SGA-Ziele festgelegt und mit der strategischen Ausrichtung der Organisation vereinbar sind;
c) sicherstellt, dass die Anforderungen des SGA-Managementsystems in die Geschäftsprozesse der Organisation integriert werden;
d) sicherstellt, dass die für den Aufbau, die Verwirklichung, Aufrechterhaltung und Verbesserung des SGA-Managementsystems erforderlichen Ressourcen zur Verfügung stehen;
e) die Bedeutung eines wirksamen SGA-Managements sowie der Erfüllung der Anforderungen des SGA-Managementsystems vermittelt;
f) sicherstellt, dass das SGA-Managementsystem seine beabsichtigten Ergebnisse erzielt;
g) Personen anleitet und unterstützt, damit diese zur Wirksamkeit des SGA-Managementsystems beitragen können;
h) fortlaufende Verbesserung sicherstellt und fördert;
i) andere relevante Führungskräfte unterstützt, um deren Führungsrolle in deren jeweiligen Verantwortungsbereichen deutlich zu machen;
j) eine Kultur in der Organisation entwickelt, leitet und fördert, welche die beabsichtigten Ergebnisse des SGA-Managementsystems unterstützt;
k) Beschäftigte vor Repressalien schützt, wenn sie Vorfälle, Gefahren, Risiken und Chancen melden;
l) sicherstellt, dass die Organisation Prozesse zur Konsultation und Beteiligung von Beschäftigten festlegt und umsetzt (siehe 5.4);
m) den Aufbau und das Funktionieren von SGA-Gremien unterstützt [siehe 5.4 e) 1)].

Leitfragen

- Zeigt die oberste Leitung Verantwortung für SGA, SGAMS, die Beschäftigten, Prozesse, Ressourcen und die Gremienbildung?
- Stehen ausreichend Ressourcen für das SGAMS zur Verfügung?

- Werden Personen bestimmt, mit der notwendigen Kompetenz ausgestattet und unterstützt, damit sie das SGAMS gestalten, weiterentwickeln und zu deren Effizienz beitragen können?
- Hilft die oberste Leitung Führungskräften bei der Umsetzung ihrer Pflichten?
- Wurde eine SGA-Kultur entwickelt und lebt die Organisation eine SGA-Kultur die das SGAMS unterstützt?

Die oberste Leitung der Organisation (i.d.R. Vorstand, Geschäftsführung, Leiter der Organisation) muss die gesamte Verantwortung und Rechenschaftspflicht für alle Folgen und Ursachen bezüglich der SGA übernehmen. Dies gilt sowohl für die Folgen (also für die arbeitsbezogenen Verletzungen und/oder Erkrankungen) als auch für die Gestaltung sicherer und gesundheitsgerechter Arbeitsplätze, die Tätigkeiten und die gesamten Arbeitssysteme. Arbeitssysteme bestehen aus Arbeitsmitteln, Arbeitsplatz, Arbeitsumgebung, Organisation, Aufgaben und Tätigkeiten. Dabei soll sowohl die Interaktion der einzelnen Elemente, als auch die systemsichere und -gesunde Gestaltung im Zusammenspiel dieser Elemente berücksichtigt werden. Diese Zusammenhänge sind aus der nächsten Abbildung, dem Arbeitssystem in Anlehnung an die DIN EN 6385:2016 (vgl. Stowasser, 2016), zu ersehen.

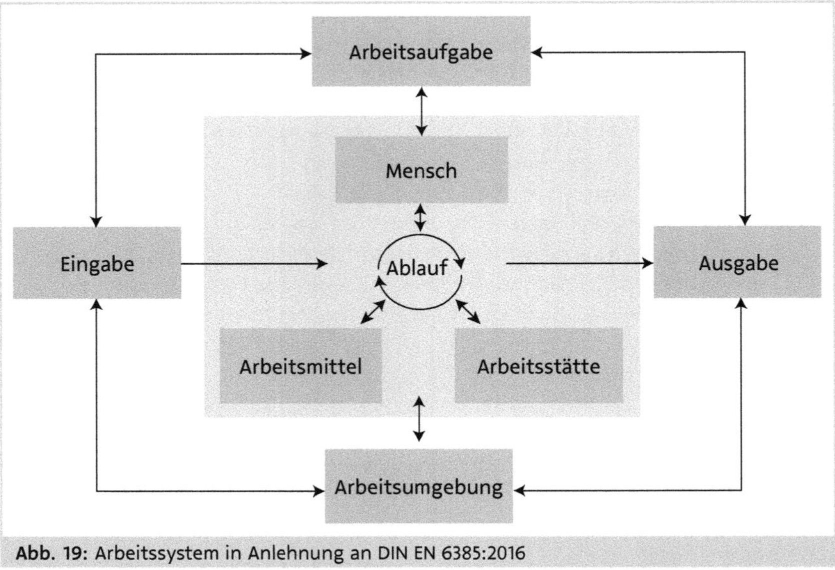

Abb. 19: Arbeitssystem in Anlehnung an DIN EN 6385:2016

Die oberste Leitung hat die gesamte Verantwortung und steht auch in der Pflicht, ggf. Rechenschaft abzulegen. So steht es auch im Arbeitsschutzgesetz (ArbSchG; vgl. Recht, 2014c), v. a. in den §§5 und 6. Der Arbeitgeber ist verantwortlich, so die Aussage des ArbSchG, und dies fordert auch das SGAMS. Verantwortungsdiffusion mit der Fachkraft für Arbeitssicherheit, dem Managementbeauftragten oder anderen Beauftragten (siehe auch 5.3) führt zu einer falschen Rechtsauslegung und Ineffizienz des SGAMS – also zu weniger Sicherheit und Gesundheit bei der Arbeit. Zur Vorbeugung von Zuständigkeitsproblemen müssen der Anwendungsbereich des SGAMS sowie die Grenzen festgelegt werden. Hier ist ggf. noch einmal der Anwendungsbereich und Kontext der Organisation (siehe Kap. 1 und 4.3) zu überprüfen und zu kommunizieren. Außerdem müssen in größeren Organisation die Pflichten im Arbeitsschutz und damit eine Teilverantwortung übertragen werden (siehe 5.3 und vgl. Schliephacke, 2008, S. 63 ff.). Es ist möglich, dies in den Anstellungsvertrag zu integrieren oder in einer zusätzlichen Vereinbarung zu klären. Im Organigramm sollte die Übertragung der Teilverantwortung erkennbar sein, damit jede interessierte Partei einen Überblick hat. Mit einer speziellen Vereinbarung wird die Bedeutung des Themas noch einmal deutlich.

Vereinbarung zur Pflichtenübertragung der Führungskräfte im SGA

ARBEITSHILFE ONLINE

Herrn/Frau ....

werden für den Bereich

....

der

....

der obersten Leitung obliegende

Pflichten für Sicherheit und Gesundheit bei der Arbeit

übertragen.

Durch diese Pflichtenübertragung obliegen Ihnen Pflichten und Durchführungsverantwortung hinsichtlich Sicherheit und Gesundheit bei der Arbeit. Dabei gilt es im Wesentlichen folgende Punkte in eigener Verantwortung zu veranlassen:

- Erfüllung der rechtlichen Verpflichtungen
- Organisation der Ersten Hilfe
- Organisation des Brandschutzes
- Veranlassung und ggf. Durchführung von Gefährdungsbeurteilungen und Beurteilung von Chancen
- Veranlassung und ggf. Durchführung von Unterweisungen
- Kontrolle der notwendigen Vorsorge
- Organisation von Beschaffung und Umgang mit Arbeitsstoffen
- Organisation von Beschaffung und Umgang mit Arbeitsmaterialien

- Organisation von Beschaffung und Umgang mit Arbeitsmitteln
- Veranlassung der Bereitstellung und Benutzung persönlicher Schutzausrüstung
- Durchführung, Veranlassung und Kontrolle notwendiger Prüfungen

................................, den ....

....
Unterschrift des Unternehmers

....
Unterschrift des Verpflichteten

Abb. 20: Pflichtenübertragung der Führungskräfte im SGA

Die oberste Leitung muss die SGA-Politik (siehe 5.2) und die SGA-Ziele (siehe 6.2) festlegen, hinter der eingeführten SGA-Politik und den damit verbundenen SGA-Zielen stehen und sich dementsprechend verhalten. Zum Beispiel:

!

Beispiele aus der Bau-, Pflege- und Telekommunikationsbranche

- In der Baubranche: die persönliche Schutzausrüstung nutzen
- In der Baubranche: das Gerüst aufbauen und abnehmen lassen; erst dann zum Betreten freigeben
- In der Pflege: die Hebe- und Tragevorrichtungen selbst nutzen
- In der Pflege: den Hautschutzplan einhalten.
- In der Telekommunikationsbranche: selbst an angebotenen Seminaren (wie z.B. Stimmtraining) teilnehmen
- In der Telekommunikationsbranche: die höhenverstellbaren Schreibtische nutzen

Die Führungskraft muss die Grundgedanken, Angebote und Forderungen des SGAMS vorleben/selbst leben und nachhaltig unterstützen. Die strategische Ausrichtung der gesamten Organisation muss mit der SGA-Politik und den SGA-Zielen kompatibel sein. Die Führung soll in ihren Aktivitäten die SGA-Zielerreichung ermöglichen. Nicht nur deshalb ist es notwendig, im Maßnahmenplan eine Verbindung zu den Zielen erkennbar zu machen (siehe auch 6.1.4).

Die Anforderungen des SGAMS müssen in die Geschäftsprozesse integriert werden. So müssen z.B. die prospektiven Analysen von SGA-Risiken und -Chancen im Beschaffungsprozess (Kauf einer neuen Maschine) oder die Unterweisung und arbeitsmedizinische Vorsorge von neu eingestellten Beschäftigten im Personalprozess berücksichtigt werden (siehe 4.4).

Den Beschäftigten ist die Wichtigkeit des SGAMS zu vermitteln und die Folgen eines nicht funktionierenden SGAMS aufzuzeigen. Das kann und muss durch Informationsvermittlung (siehe auch 7.4) erfolgen. Die gesetzlich notwendige Unterweisung kann bei interaktiver Ausgestaltung genutzt werden, um die von der Norm geforderte Beteiligung der Beschäftigten umzusetzen (siehe auch 5.4). So können Beschäftigte motiviert werden, Mängel zu melden (ohne dass dadurch Druck auf die Beschäftigten entsteht), und somit kann eine fortlaufende Verbesserung des SGAMS entstehen. Hier eine mögliche Darstellungsform:

ARBEITSHILFE ONLINE

Mängel melden – Verbesserungen ansprechen

- Beschäftigte kennen ihren Arbeitsplatz am besten und damit auch die Mängel und haben gute Verbesserungsvorschläge.
- Die Anonymität bleibt gewahrt.
- Formblatt zu Mängelmeldung nutzen.
- Formblatt zu Verbesserungsvorschlägen nutzen.
- Kollegen motivieren und ggf. unterstützen, Mängel bzw. Verbesserungsvorschläge zu melden.
- Zu jeder Meldung erhält der Meldende eine Rückmeldung (allgemeine Rückmeldung am schwarzen Brett bei anonymer Meldung).
- Bei Mängelmeldung hat die jeweilige Person mit keinem Nachteil zu rechnen.
- Falls doch ein Nachteil entstehen sollte, soll sich der Beschäftigte sofort mit der nächsthöheren Führungskraft in Verbindung setzen.

Freigabe durch: .... | Freigabe am: .... |

Erstunterweisung: .... | Revision: .... | Seite XX

Abb. 21: Information im Rahmen einer Unterweisung

Durch die Motivation der Beschäftigten, Mängel zu melden, wird eine SGA-Kultur gefördert, wie sie in 6.1.2 und auch 10.3 explizit gefordert wird. Weiteres zur SGA-Kultur siehe auch unter 7.2.

Beim Aufbau eines SGAMS kommt auf die Organisation, die oberste Leitung und die einzelnen Akteuren eine Vielzahl von Aufgaben zu. Es ist zu klären, ob ausreichend Ressourcen zur Verfügung stehen. Ein SGAMS kann gerade in der Einführungsphase einen erhöhten Ressourcenaufwand nötig machen. Zu berücksichtigen sind neben den materiellen Ressourcen (wie z. B. Messgeräte, Räume, Bücher, Fachzeitschriften, Normen, Richtlinien, Besuch von anderen Unternehmen und Kongressen, Spesen und Fahrtkosten, Ausrüstung) vor allem die personellen Ressourcen, die mit Sicherheit die höheren finanziellen Mittel erfordern. Insbesondere sind folgende Akteure zu nennen: Fachkraft für Arbeitssicherheit, SGA-Managementbeauftragter, interner Auditor, Arbeitsmediziner, Sicherheitsbeauftragte, Ersthelfer. Weitere Akteure sind aus den Abb. 23 bis 25 zu ersehen. Die Kompetenz (siehe auch 7.1) stellt eine der wichtigsten Ressourcen im Aufbau eines SGAMS dar. Ggf. muss Kompetenz vermittelt und gestärkt oder externe Unterstützung als zusätzliche Ressource zur Verfügung gestellt werden. Die mit der Kompetenz einhergehende und damit größte Ressource wird jedoch die Zeit der personellen Ressourcen sein und könnte in dem unten stehenden Formblatt notiert werden. Durch die Kumulation ist dann relativ schnell erkennbar, auch mit der Einplanung von Puffern, welche Ressourcen zur Verfügung stehen müssen und – in der Folge – wann das SGAMS aufgebaut sein könnte.

ARBEITSHILFE ONLINE

Thema/ Arbeitspaket	Einzelarbeitspaket/ Aufgabe	Ressourcen		Volumen		bis Wann?	genehmigt? Ja/ Nein	Verantwortung wer?	Controlling Umsetzung	Controlling Wirksamkeit
		materielle	personelle	Zeit	Kosten					
Aufbaustruktur	12 Sicherheitsbeauftragte	BG-Schulung (36 Tage)	Organisation (1 Tag)	37 Tage		12.07.2018		Herr Meyer		
	18 Ersthelfer	DRK-Schulung (18 Tage)	Organisation (0,5 Tag)	18,5 Tage		15.03.2018		Frau Schulze		
	1 Brandschutzbeauftragter	1.800,00 €			1.800,00 €	12.12.2019		Frau Mayer		
	1 Gefahrstoffbeauftragter	1.200,00 €			1.200,00 €	21.04.2018		Frau Schulze		
Gefährdungsbeurteilung Gefahrstoffe	Gefährdungsbeurteilung	BG-Schulung (s. o.)	Backoffice (7 Tage)			13.07.2018		Frau Schulze		
	1 Gefahrstoffbeauftragter		Organisation (2 Tage)			15.12.2018		Herr Muster		
	Betriebsanweisung/ Unterweisung		Backoffice (2 Tage)			30.10.2018		Frau Huber		
	Maßnahme	Auffangwanne			3.000,00 €	24.09.2018		Herr Muster		

Abb. 22: Ressourcenbestimmung

Beauftragten- und Funktionsbeschreibungen müssen erstellt und dokumentiert werden (z.B. in der Kompetenzmatrix, so sind auch regelmäßige Weiterbildung ersichtlich) und bekannt gemacht werden (siehe auch 5.2, 7.2). Es müssen Personen bestimmt, mit der notwendigen Kompetenz ausgestattet und unterstützt werden, damit sie das SGAMS gestalten, weiterentwickeln und zu dessen Effizienz beitragen können.

Für ein funktionsfähiges und wirksames SGAMS ist es notwendig, dass alle Personen, die einen Beitrag zum SGAMS liefern können, kompetent sind und ggf. angeleitet und unterstützt werden. Siehe zur Auflistung der Akteure die folgenden Abbildungen. Es gilt, zwischen rechtlich notwendigen SGA-Akteuren (Ersthelfer, Strahlenschutzbeauftragte) und für das SGAMS notwendigen Akteuren (Beauftragter für PSA, Beauftragter für Gefahrstoffe) zu unterscheiden. Weitere Akteure, die die Berechtigung haben, Rollen auszuführen, sollten schriftlich bestellt werden (z. B. Gabelstaplerfahrer, Maschineneinrichter).

Mögliche SGA-Akteure in einem SGAMS: aufgrund von Regularien verpflichtend !

- Ersthelfer
- Brandschutzhelfer
- Sicherheitsbeauftragter
- falls vorhanden: Personal-/Betriebsrat
- Fachkraft für Arbeitssicherheit
- Betriebsarzt
- Brandschutzbeauftragter
- Beauftragter für die biologische Sicherheit
- Beauftragter für den Datenschutz
- Betriebsbeauftragter für Immissionsschutz
- Betriebsbeauftragter für Gewässerschutz
- Beauftragter für Druckgeräteprüfung
- Elektrofachkraft
- Explosionsschutzbeauftragter
- Gefahrgutbeauftragter
- Laserschutzbeauftragter
- Sachkundiger für Leitern und Tritte
- Sicherheitsbeauftragter für Medizinprodukte
- Sicherheits- und Gesundheitskoordinator
- Störfallbeauftragter
- Strahlenschutzbeauftragter (StrahlenschutzVO)
- Strahlenschutzbeauftragter (RöntgenVO)
- Schwerbehindertenbeauftragter
- Beauftragter für betriebliches Eingliederungsmanagement
- Führungskräfte

Abb. 23: SGA-Akteure — aufgrund von Regularien verpflichtend

!

Mögliche SGA-Akteure in einem SGAMS: aufgrund des SGAMS notwendig

- Managementbeauftragter
- interner Auditor
- Beauftragter für PSA
- Beauftragter für die Organisation der arbeitsmedizinischen Vorsorge
- Gesundheitsmanager
- Beauftragter für die Organisation der Prüfungen

Abb. 24: SGA-Akteure — aufgrund des SGAMS ggf. notwendig

!

Mögliche SGA-Akteure in einem SGAMS: Bestellungen notwendig

- Gabelstaplerfahrer
- Lkw-Fahrer
- Maschineneinrichter (v.a. Pressen)
- Führer anderer gefährlicher Maschinen

Abb. 25: SGA-Akteure – Bestellungen notwendig

Wie schon oben angesprochen, muss für alle Akteure der Bedarf an notwendigen Ressourcen definiert werden. Folgende Ressourcen gilt es zu unterscheiden:

- Kompetenzerwerb (auch wiederholend (z.B. Ersthelfer), Weiteres hierzu unter 7.2),
- Zeit, die notwendig ist, um die Aufgaben so zu erfüllen, dass sie effizient für das SGAMS sind
- Ausstattung der Akteure mit materiellen Mitteln (siehe hierzu auch 5.3 und 7.1)

Besondere Bedeutung bei allen gestaltenden Personen des SGAMS kommt den schon oben angesprochenen Führungskräften zu, denen die (Teil-)Verantwortung bzgl. SGA von der obersten Leitung übertragen wurde. Die oberste Leitung muss diese Führungskräfte jedoch bei der Umsetzung ihrer Pflichten ausreichend unterstützen.

Notwendig für das angemessene Agieren der Führungskräfte im SGAMS und für die Unterstützung durch die oberste Leitung ist die Definition von Befugnissen und Verantwortlichkeiten. Stößt die Führungskraft in ihrem definierten Verantwortungs- und Handlungsbereich an Grenzen, muss sie die oberste Leitung informieren. Die Unterstützungspflicht der obersten Leitung muss dann greifen. Neben der Unterstützungspflicht hat die oberste Leitung nach wie vor ihre Kontrollpflicht auch aufgrund der Verantwortung für das gesamte SGAMS und natürlich für die gesamte Organisation. Ggf. muss aufgrund der Kontrollergebnisse nachgesteuert werden. Hier ist deutlich die Interaktion der obersten Leitung (obere Führungskräfte) mit den nachgeordneten (unteren) Führungskräften erkennbar. Generell müssen die Führungskräfte geschult werden (siehe auch 7.2). Dazu gehört auch, das Folgen bei Nichtwahrnehmen von Pflichten aufzuzeigen und Folgenfreiheit bei Wahrnehmung der Pflichten zu garantieren. Es ist sinnvoll, jeder Führungskraft ein Grundlagenseminar zur Verantwortung im SGA verpflichtend anzubieten. Ein möglicher Ablauf könnte folgender sein:

ARBEITSHILFE ONLINE

Zeitraum	Baustein	Inhalte	Methode	Referent
08.30 Uhr – 09.00 Uhr	Begrüßung/ Einführung	▪ Begrüßung ▪ Vorstellung der Teilnehmer		
09.00 Uhr – 10.00 Uhr	Rechtlicher Hintergrund	▪ Vorschriften und Regelwerk ▪ Unfallversicherungsträger ▪ Veränderungen Arbeitswelt ▪ Verantwortung SGA ▪ Verantwortung der OL ▪ Inhalte ArbSchG	Vortrag, Diskussion,	
10.00 Uhr – 10.30 Uhr	Kaffeepause			
10.30 Uhr – 12.00 Uhr	Übertragung Unternehmerpflichten	▪ Übertragung von Unternehmerpflichten ▪ Arbeitsschutz und Organigramm ▪ Aufgaben der Führungskräfte in der Sicherheit bei der Arbeit (Stürzen, PSA, Maschinen ...) ▪ Aufgaben der Führungskräfte in der Gesundheit bei der Arbeit (Hitze, Heben, Tragen ...) ▪ Haftungsvoraussetzungen ▪ Zivilrechtliche Haftung	Vortrag, Diskussion	
12.00 Uhr – 13.00 Uhr	Mittagspause			
13.00 Uhr – 13.45 Uhr	Beauftragtenwesen	▪ Erfüllung von Unternehmerpflichten ▪ Bestellung und Unterstützung der Fachkraft für Arbeitssicherheit ▪ Beauftragte (Spezialgebiete)	Vortrag	

Zeitraum	Baustein	Inhalte	Methode	Referent
13.45 Uhr –14.30 Uhr	Beauftrag-tenwesen	▪ Aufbauorganisation	Gruppen-arbeit	
14.30 Uhr –15.00 Uhr	Kaffeepause			
15.00 Uhr – 16.30 Uhr	Rechte und Pflichten der Beschäftig-ten	▪ Nutzen von Schutzmaß-nahmen ▪ Unterstützungspflichten ▪ Vorschlagsrecht ▪ Recht, sich bei besonderen Gefahren zu entfernen	Vortrag, Diskussion	
16.30 Uhr – 17.00 Uhr	Abschluss-besprechung	▪ Diskussion, Feedback ▪ Verabschiedung		

Abb. 26: Ablauf, Inhalte und Methoden im Seminar »Verantwortung SGA«

Im Idealfall ist dieses Seminar in den Prozess der Einstellung und Entwicklung von Führungskräften eingebunden und unterstützt wie schon oben erwähnt die SGA-Kultur. Denn die Entwicklung und das Fördern einer SGA-Kultur unterstützt auch das SGAMS. Durch dieses Seminar sollen die Führungskräfte ihren Beitrag dazu leisten, dass eingeführte Regeln und Strukturen gelebt und weiterentwickelt werden. Denn eine SGA-Kultur ist auch dadurch gekennzeichnet, dass Führungskräfte ein sicheres und gesundes Verhalten (vor)leben und unterstützen, aber auch unsicheres und ungesundes Verhalten sofort ansprechen und missbilligen. Es muss ermöglicht werden, dass sicheres und gesundes Verhalten beobachtet und gemessen werden kann.

Neben den Führungskräften müssen auch Beschäftigte sowohl sicheres und gesundes Verhalten unterstützen als auch unsicheres und ungesundes Verhalten ansprechen und missbilligen, also kritisieren. Organisatorische und technische Lösungen müssen gefunden werden, damit unsicheres und ungesundes Verhalten nicht mehr entstehen kann und sicheres und gesundes Verhalten gefördert wird (vgl. Bördlein, 2009, S. 291). Ressourcen (Kompetenz und Zeit), aber auch Material und Geld müssen zur Umsetzung organisatorischer und technischer Lösungen zur Verfügung stehen (siehe oben und Ressourcen 7.1). Beschäftigte müssen sowohl im Vorfeld bei der Planung von Veränderungen einbezogen werden als auch darin unterstützt werden, Veränderungen anzusprechen und aktiv Vorschläge zu machen (siehe 5.4).

Beschäftigte müssen im Rahmen ihrer Möglichkeiten Vorfälle, Gefahren, Risiken und Chancen melden. In der Folge dürfen sie nicht unter Repressalien leiden. Die Meldung einer Gefahr darf den Beschäftigten nicht zum Nachteil gereichen. Hier müssen Ängste genommen und verhindert werden, dass Gefahren etc. nicht gemeldet werden. Im Gegenteil, Beschäftigte müssen darin unterstützt werden, Vorfälle, Gefahren, Risiken, aber auch Chancen zu thematisieren.

Führungskräfte müssen Beschäftigten für Hinweise danken, denn sie unterstützen damit ihre Verpflichtung und tragen wesentlich zur Wirksamkeit des SGAMS bei. So kann die SGA-Kultur geschaffen, weiterentwickelt und nachhaltig auf hohem Level gehalten werden. Kulturen brauchen generell lange Zeit und ein hohes Investment, bis sie stabil sind, und sie bröckeln recht leicht durch kleine Divergenzen zu den Vorgaben der Kultur – vor allem, wenn sie von Führungskräften ausgelöst werden (z.B. das Nichttragen der PSA oder das Nichtaufbauen einer Absturzsicherung wegen finanzieller oder auch persönlicher Vorteile).

Durch folgende Punkte kann eine SGA-Kultur geschaffen und weiterentwickelt werden:

SGA Kultur schaffen, fördern und entwickeln !

1. Die oberste Leitung und Führungskräfte müssen die SGA-Politik, SGA-Ziele und das SGAMS kennen, akzeptieren, in ihr Handeln integrieren und unterstützen.
2. Regelungen, Prozesse, aber auch Verhalten innerhalb des SGAMS müssen definiert, alle Personen (interne und externe Parteien) informiert werden, Fehlverhalten muss angesprochen werden und bei Nicht-Einhalten müssen negative Konsequenzen folgen.
3. In Gesprächen müssen die Ursachen für das Nichteinhalten analysiert und ggf. Verbesserungen eingeleitet werden.
4. Beim Einhalten von positiven Verhalten müssen positive Konsequenzen folgen.
5. Durch Informationen (interaktiv oder einmalig, z.B. schwarzes Brett, Mitarbeiterzeitung, Unterweisung, Vorträge oder Workshops) müssen die Regelungen immer wieder dargestellt werden.
6. Beschäftigte müssen beteiligt und einbezogen werden (siehe 2. und 3.).
7. Beschäftigten muss gedankt werden, wenn sie Vorschläge zur SGA unterbreiten.
8. Beschäftigte dürfen keine Nachteile erfahren, wenn sie Defizite oder Verschläge zur SGA melden.
9. Führungskräfte müssen das geforderte Verhalten (Regelungen) zeigen (vorleben).
10. SGA muss den selben Stellenwert wie Vorgaben zu Qualität, Produktivität und Umweltstandards in der Organisation haben.

Abb. 27: SGA-Kultur schaffen, fördern und entwickeln

Das Institut für Arbeit und Gesundheit (vgl. DGUV, 2016) hat ein Analysetool für die SGA-Kultur entwickelt, durch das man den Grad der SGA-Kultur im Unternehmen bestimmen kann. Hier die wesentlichen Bestandteile:

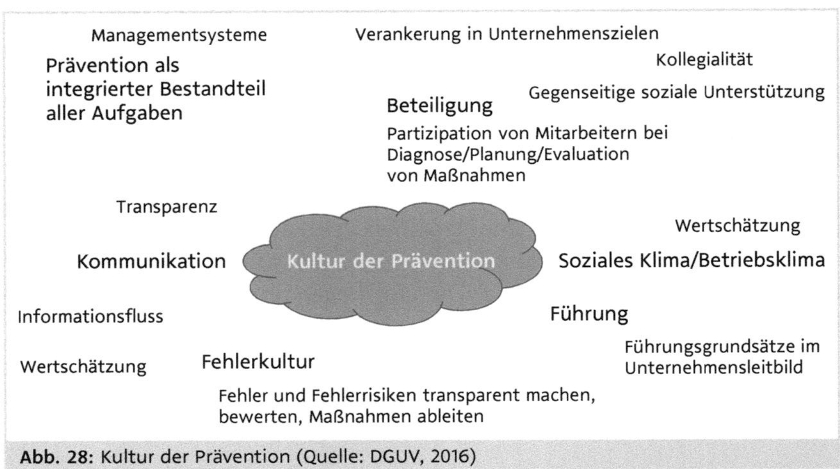

Abb. 28: Kultur der Prävention (Quelle: DGUV, 2016)

Mit dem Kultur-Check-Analysetool zur Erfassung der Kultur der Prävention kann man den Grad der SGA-Kultur im eigenen Unternehmen regelmäßig bestimmen. Hier ein Auszug aus dem Kapitel »Informationsfluss«:

ARBEITSHILFE ONLINE

Wie empfinden Sie Ihre Arbeitssituation in Bezug auf die folgenden Merkmale:		sehr gut	ziemlich gut	es geht so	ziemlich schlecht	sehr schlecht
1.1	Information über wichtige Dinge und Vorgänge	□	□	□	□	□
1.2	Kommunikation zwischen Vorgesetzten und Beschäftigten	□	□	□	□	□
1.3	Kommunikation von Regelungen für den Notfall im Betrieb (Verletzung, Unfall, Brand etc.)	□	□	□	□	□

Wie gut fühlen Sie sich informiert über …		sehr gut	ziemlich gut	es geht so	ziemlich schlecht	sehr schlecht
1.4	… Dinge, die Ihren unmittelbaren Arbeitsbereich betreffen?	□	□	□	□	□
1.5	… Dinge, die Ihre Abteilung/Hauptabteilung betreffen?	□	□	□	□	□
1.6	… Dinge, die Ihren Standort betreffen?	□	□	□	□	□
1.7	… Dinge, die Ihre Institution insgesamt betreffen?	□	□	□	□	□
1.8	… Entwicklungen, Geschäftsziele und -strategien Ihrer Institution?	□	□	□	□	□
1.9	… sicherheits- und gesundheitsbezogene Aktivitäten?	□	□	□	□	□

Abb. 29: Auszug Informationsfluss

Durch die SGA-Kultur zeigt die oberste Leitung nicht nur Verantwortung für SGA, SGAMS, die Prozesse und Ressourcen (bzw. der ausreichenden Ressourcenbereitstellung), sondern insbesondere auch für das Einbeziehen von Beschäftigten in das SGAMS und eine sinnvolle Gremienbildung (siehe unten).

Beschäftigte müssen einbezogen und beteiligt werden. Hierfür soll ein Prozess festgelegt werden (siehe auch 5.4). Im SGAMS arbeiten Führungskräfte und Beschäftigte im Idealfall Hand in Hand – auf der Grundlage gegenseitigen Respekts und Vertrauen. Wer dieses Potenzial nicht schöpft, nutzt die Kenntnisse der Risiken und Chancen in den Arbeitssystemen und die Ideen für geeignete Maßnahmen für eine höhere SGA-Leistung nicht ausreichend. Die Beteiligung der Beschäftigten fördert die SGA-Kultur und verbessert die SGA-Leistung.

Ebenso soll die Führung den Aufbau und das Funktionieren von SGA-Gremien unterstützen. Der ASA (Arbeitsschutzausschuss) ist hierbei eine der Minimalpflichten. Weitere Gremien sollen bzw. können geschaffen werden. Das können punktuelle, zeitlich befristete Gremien, aber auch ständige, regelmäßig tagende Gremien sein. Beispiele sind Gremien der Arbeitnehmervertreter, der Sicherheitsbeauftragten oder Gremien mit Subunternehmern. Zeitlich begrenzt können Gremien zur Erstellung und Implementierung des SGAMS einberufen und gegründet werden. In Konzernen müssen unterschiedliche regionale, überregionale, fachspezifische, beauftragtenorientierte und/oder tarif-partnerspezifische Gremien gebildet werden. In mittelständischen Organisationen reichen wenige Gremien oder nur der ASA aus. Es muss gut überlegt werden, welche Gremien

- im Moment notwendig, sinnvoll und wirksam für die SGA-Leistung sind,
- zusammengefasst bzw. integriert werden können,
- abberufen werden müssen, weil sie keinen weiteren Wert für die SGA-Leistung liefern.

Wie in einem Großkonzern die Gremienbildung aussehen könnte, ist aus der folgenden Abbildung ersichtlich.

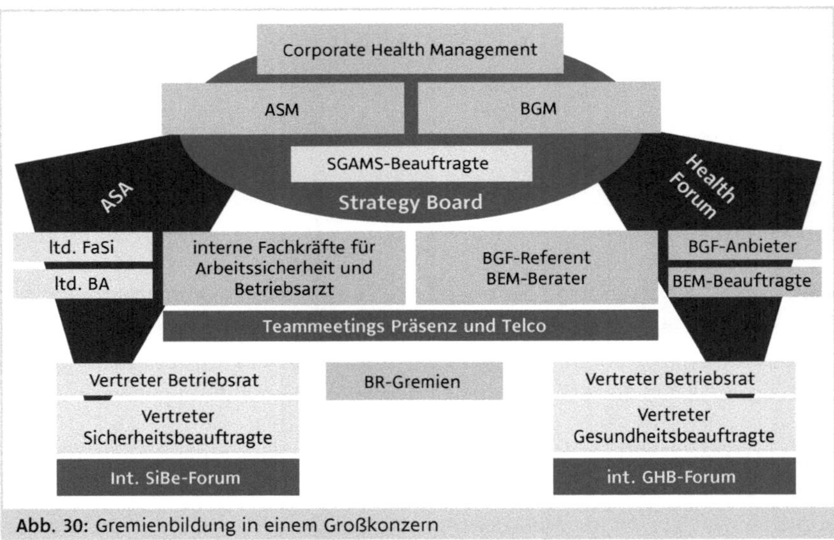

Abb. 30: Gremienbildung in einem Großkonzern

Auditfrage: Hat die oberste Leitung den Beschäftigten, Prozessen, Ressourcen und der Gremienbildung gezeicht, dass sie Verantwortung für SGA, SGAMS (z.B. SGA-Politik, SGA-Ziele, Aufbaustruktur) übernimmt?

Zusammenhänge mit anderen Normkapiteln

5.1 bildet die Grundlage für das SGAMS. Ohne Verantwortung und aktive Verantwortungsübernahme wird sich das SGAMS nicht weiterentwickeln und nicht wirklich gelebt werden. Mit der Verpflichtung zur Verantwortung werden viele weitere wichtige Aspekte des SGAMS und dessen Verantwortungsbereich im Detail angesprochen und damit Zusammenhänge mit anderen Normkapiteln aufgezeigt. Dazu zählen: Kontext der Organisation 4.3, Politik 5.2 und Ziele 6.2, die im Einklang mit der Politik stehen müssen, Rollen und Verantwortung 5.3, Einbindung von Beschäftigten 5.4, Gefährdungen und Chancen 6.1, Ressourcen, Kompetenz und Bewusstsein 7.1, 7.2, 7.3 und fortlaufende Verbesserung 10.3.

5.2 SGA-Politik

5.2 SGA-Politik (DIN ISO 45001:2018)

!

Die oberste Leitung muss eine SGA-Politik festlegen, verwirklichen und aufrechterhalten, die:

a) eine Verpflichtung zur Bereitstellung von sicheren und gesundheitsgerechten Arbeitsbedingungen zur Prävention von arbeitsbedingten Verletzungen und Erkrankungen umfasst und dem Zweck, der Größe und dem Kontext der Organisation und ihren spezifischen SGA-Risiken und SGA-Chancen angemessen ist;
b) einen Rahmen zum Festlegen von SGA-Zielen bietet;
c) eine Verpflichtung zur Erfüllung rechtlicher Verpflichtungen und anderer Anforderungen enthält;
d) eine Verpflichtung zur Beseitigung von Gefahren und zum Minimieren von SGA-Risiken enthält (siehe 8.1.2);
e) eine Verpflichtung zur fortlaufenden Verbesserung des SGA-Managementsystems enthält;
f) eine Verpflichtung zur Konsultation und Beteiligung von Beschäftigten und, wo vorhanden, deren Vertretern enthält.

Die SGA-Politik muss:

a) als dokumentierte Information verfügbar sein;
b) innerhalb der Organisation bekanntgemacht werden;
c) für interessierte Parteien verfügbar sein, soweit angemessen;
d) relevant und angemessen sein.

Leitfrage: Ist eine SGA-Politik definiert, wird diese verstanden und in Handeln umgesetzt und, falls notwendig, geändert?

Die SGA-Politik wird durch den Kontext der Organisation und die Strategie »gespeist«. Durch die SGA-Politik muss deutlich werden, dass die Organisation sichere und gesundheitsgerechte Arbeitsbedingungen zur Verfügung stellt, um Verletzungen und arbeitsbedingte Erkrankungen zu vermeiden (siehe auch 5.1 und 7.3). Für die Größe, Branche, Marktbedingungen sowie Risiken und Chancen muss sie angemessen und relevant sein. Durch diese Politik muss es möglich sein, spezifische SGA-Ziele zu definieren und weitere Maßnahmen festzulegen. Ziele müssen von der Politik abgeleitet werden und mit ihr kompatibel sein. In der SGA-Politik muss die Verpflichtung zur Beseitigung von Gefährdungen, zum Minimieren von SGA-Risiken (siehe 6.1.2) und zur fortlaufenden Verbesserung des SGAMS erkennbar sein. Des Weiteren muss deutlich werden, dass die Organisation die rechtlichen Verpflichtungen und anderen Anforderungen beachtet und die Beschäftigten mit einbindet. Es gilt, Überprüfungsintervalle festzulegen, um die SGA-Politik aufrechtzuerhalten und regelmäßig zu kontrollieren. Natürlich muss die SGA-Politik den Beschäftigten und allen weiteren interessierten Parteien als dokumentierte Information zugänglich gemacht werden. Hier ein Beispiel für eine SGA-Politik.

! **Beispiel einer SGA-Politik**

Die Sicherheit und Gesundheit bei der Arbeit (SGA-Politik) der XY AG stellt eine allgemeine Orientierung und die Antriebsfeder für die Verwirklichung und Verbesserung des SGA-Managementsystems der XY AG dar.

Dabei wird die SGA-Politik der XY AG so festgelegt, dass sie innerhalb ihres SGA-Managementsystems in Bezug auf Art und Umfang ihrer SGA-Risiken und SGA-Chancen angemessen ist.

Die Sicherheit und Gesundheit bei der Arbeit hat Vorrang vor anderen Unternehmenszielen, ist integrierter Bestandteil aller Betriebsabläufe und wird von Anfang an – bereits in der Planungsphase – in die technischen, ökonomischen und sozialen Überlegungen mit einbezogen. »Risiko raus« ist das derzeitige Motto der SGA-Kampagne, um die Kultur von Sicherheit und Gesundheit bei der Arbeit zu stärken.

Die XY AG strebt danach, die Sicherheit, Gesundheit und Zufriedenheit der Beschäftigten und Personen, die sich im Unternehmen aufhalten, zu verbessern bzw. zu sichern. Zur Verhütung von Unfällen, Berufserkrankungen, arbeitsbedingten Gesundheitsgefahren, zur Vermeidung und Minimierung von SGA-Risiken und Gefährdungen sowie für die sichere und gesundheitsgerechte Gestaltung der Arbeit und Erhöhung der Gesundheitsressourcen werden die geeignete Organisation und die erforderlichen Mittel bereitgestellt.

Die XY AG verpflichtet sich zur Einhaltung der relevanten Arbeitsschutz-Regelwerke (Gesetze, Verordnungen, Vorschriften), orientiert sich an den Richtlinien und Regeln sowie der Einhaltung des Standes der Technik der Arbeitsmedizin und der Arbeitssicherheit.

Die jeweils aktuelle Fassung der SGA-Politik wird dokumentiert und bildet den Rahmen für die Festlegung und Bewertung der SGA-Zielsetzungen sowie für die Entwicklung von Programmen.

SGA ist bei der XY AG wesentlicher Bestandteil der Führungsebene. Führungskräfte haben bei uns eine Vorbildfunktion und nehmen ihre übertragenen Pflichten verantwortungsbewusst wahr.

Zudem werden die Wirksamkeit des SGAMS und das Erreichen der Ziele von Sicherheit und Gesundheit bei der Arbeit im SGAMS regelmäßig durch die Geschäftsführung bewertet.

Die XY AG unterstützt eine angemessene interne und externe Kommunikation

durch ein aktuelles Sicherheits- und Gesundheitsberichtswesen, um sicherzustellen, dass alle Personen, die in unserem Einflussbereich arbeiten, sich ihrer jeweiligen SGA-Verpflichtungen bewusst werden.
Das Dokument zur Kultur der SGA wird ständig überprüft und gegebenenfalls angepasst. Ein Dokument, das die Politik für SGA enthält, wird in allen Bereichen ausgehängt und ist somit jedem zugänglich. Bei Veränderungen oder Anpassungen wird die aktuelle Fassung über die interne E-Mail-Adresse an alle Mitarbeiter weitergegeben. Grundsätzlich kann sie nach Aufforderung jedem zugesendet werden. Eine gescannte Version wird im Intranet und Internet veröffentlicht.

Abb. 31: Beispiel einer SGA-Politik

Auditfragen

- Hat die Organisation eine SGA-Politik festgelegt, falls notwendig geändert, innerhalb der Organisation bekannt gemacht und ist diese dokumentiert worden?
- Enthält die SGA-Politik eine Verpflichtung zu SGA, zur Einhaltung rechtlicher Verpflichtungen und anderer Anforderungen, zur fortlaufenden Verbesserung des SGAMS sowie zur Konsultation und Beteiligung der Beschäftigten?
- Bietet die SGA-Politik einen Rahmen für SGA-Ziele?

Zusammenhänge mit anderen Normkapiteln

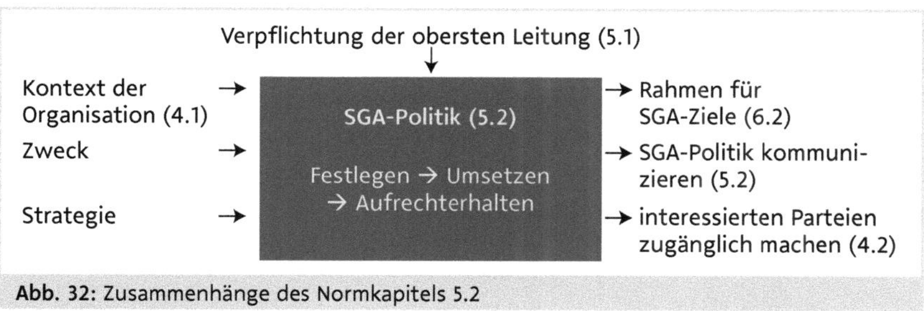

Abb. 32: Zusammenhänge des Normkapitels 5.2

5.3 Rollen, Verantwortlichkeiten und Befugnisse in der Organisation

5.3 Rollen, Verantwortlichkeiten und Befugnisse in der Organisation (DIN ISO 45001:2018)

Die oberste Leitung muss sicherstellen, dass die Verantwortlichkeiten und Befugnisse relevanter Rollen im SGA-Managementsystem zugewiesen und auf allen Ebenen innerhalb der Organisation bekannt gemacht sowie als dokumentierte

Information aufrechterhalten werden. Beschäftigte aller Ebenen der Organisation müssen die Verantwortung für jene Aspekte des SGA-Managementsystems übernehmen, die sich in ihrem Einflussbereich befinden.
Die oberste Leitung muss die Verantwortlichkeit und Befugnis zuweisen für:

a) das Sicherstellen, dass das SGA-Managementsystem die Anforderungen dieses Dokuments erfüllt;
b) das Berichten an die oberste Leitung über die Leistung des SGA-Managementsystems.

Leitfragen

- Welche Verantwortlichkeiten und Befugnisse hat die oberste Leitung für relevante Rollen im SGAMS zugewiesen, bekannt gemacht und dokumentiert?
- Übernehmen Beschäftigte aller Ebenen je nach Zuweisung Verantwortung für Beschäftigte und Themen im SGAMS?

Die für das SGAMS relevanten Rollen, Verantwortlichkeiten und der Handlungsbereich müssen definiert und in der Organisation bekannt gemacht werden, wenngleich die Gesamtverantwortung für SGA bei der obersten Leitung verbleibt (siehe auch 5.1). Dazu müssen die Führungskräfte die genauen Verantwortlichkeiten und Befugnisse (z.B. Aufgaben, Grenzen, Informations- und/oder Mitwirkungspflicht, Beteiligungsmöglichkeit, Kontrollbereich) bezüglich der definierten Rollen beschreiben. Führungskräfte sollten dazu grundlegende fachliche Kompetenz besitzen, ist das nicht der Fall, sollte ihnen diese Kompetenz vermittelt werden. Allen Beschäftigten muss klar sein, für welche Themen und damit Gefährdungen, (SGA-)Risiken (z.B. Brandschutz, Gefahrstoffe, Strahlung) und auch Chancen oder für welche Personen (Beschäftigte, Leiharbeitnehmer, Subunternehmer, Jugendliche, werdende Mütter oder weitere Führungskräfte) sie verantwortlich sind.

Rollen, Verantwortlichkeiten und Handlungsbereiche können in der Organisation in verschiedenen Dokumenten umgesetzt werden, die am besten hierarchisch angeordnet werden.

Dabei kann das Organigramm (siehe Abbildung 33) einen groben Überblick über Verantwortungsbereiche und Rollen liefern, siehe Stabsfunktionen (wie z. B. FASI, BA) oder Führungskräfte von Abteilungen und Ersthelfer (EH), Brandschutzhelfer (BH) und Sicherheitsbeauftragte (Sibe).

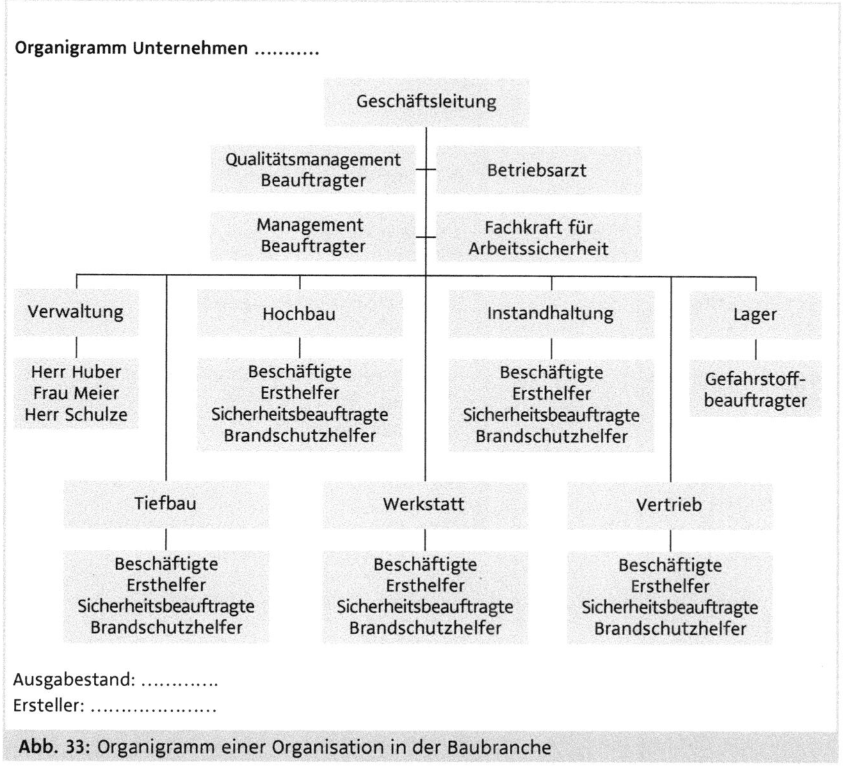

Abb. 33: Organigramm einer Organisation in der Baubranche

Genauere Vorgaben bzgl. Verantwortlichkeiten und Handlungsbereichen ersieht man aus Stellenbeschreibungen. Als Beispiel hier eine Stellenbeschreibung eines Kranführers.

ARBEITSHILFE ONLINE

<table>
<tr><td>Freigabe durch:</td><td></td><td>Dokumentenname:</td><td>Revision</td><td>02</td></tr>
<tr><td>Freigabe am:</td><td></td><td colspan="3">FB_005.1_Stellenbeschreibung_Kranfahrer</td></tr>
<tr><td colspan="2">Stellenbezeichnung
Kranführer</td><td colspan="3">Zuständigkeitsbereich
Zugeordnetes Fahrzeug und dessen Peripherie</td></tr>
<tr><td colspan="5">Kurzbeschreibung des Aufgabengebietes
Aufgaben sind das Bewegen und Transportieren von schweren Lasten, mithilfe von Kranen. Er muss dabei ein besonderes Augenmerk auf die Sicherheit der Last, seines Fahrzeugs und seine Umgebung haben.</td></tr>
<tr><td colspan="2">Stellenbezeichnung des/der direkten Vorgesetzten
Vorarbeiter oder Schichtleiter</td><td colspan="3">Der/die Stelleninhaber/in erhält zusätzlich fachliche Weisungen von keinem</td></tr>
<tr><td colspan="2">Stellenbezeichnung der direkt unterstellten Beschäftigten
keine</td><td colspan="3">Der/die Stelleninhaber/in gibt zusätzlich fachliche Weisungen an
keinen</td></tr>
<tr><td colspan="2">Der/die Stelleninhaber/in vertritt
Kollegen</td><td colspan="3">Der/die Stelleninhaber/in wird vertreten von
Kollegen</td></tr>
<tr><td colspan="5">Spezielle Vollmachten und Berechtigungen, die nicht in einer allgemeinen Regelung festgehalten sind
Der Kranführer muss schriftlich beauftragt werden, ein Kranschein zum Führen von Kranen ist erforderlich, Führerschein Klasse CE (LKW) ist zudem sinnvoll.</td></tr>
<tr><td colspan="5">Beschreibung der Tätigkeiten, die der/die Stelleninhaber/in durchzuführen hat
▪ Steuern von Kranen
▪ Bewegen und Transportieren von schweren Lasten
▪ Koordination mit Kollegen
▪ Koordination mit Fremdfirmen auf Baustellen
▪ Wartung und Kontrolle des zugewiesenen Fahrzeugs
▪ Überprüfung der Absperrung und Sicherung des Einsatzgeländes</td></tr>
<tr><td colspan="5">Die/der Kranführerin/Kranführer unterhält Kontakt
zu der Einsatzbereichsplanung, der Fahrzeugwartung und ggf. zur Fahrzeugtransportplanung</td></tr>
<tr><td colspan="5">Beschäftigte/r: Vorname Name | Datum:</td></tr>
</table>

Abb. 34: Stellenbeschreibung Kranführer

In einer Kompetenzmatrix erkennt man die Gesamtzahl der Beauftragten, Ersthelfer, Brandschutzhelfer und andere notwendigen Rollen. Eine Darstellung nach Abteilungen ist möglich. So kann erkannt werden, ob ein quantitatives Defizit in einer Abteilung von Beauftragten besteht. Die nächsten Schulungsbedarfe oder Vorsorgen/Eignungsuntersuchungen und damit Berechtigung zur Ausführung der Rollen können durch eine Matrix eingesehen werden. In der nächsten Abbildung sieht man eine Kompetenzmatrix eines Bauunternehmens.

Kompetenzmatrix

		TÄTIGKEITEN	BEAUFTRAGTE	ARBEITSMEDIZIN	UNTERWEISUNGEN
Firma:		auf Basis der Gefährdungsbeurteilung	aufgrund verschiedener Rechtsgrundlagen	auf Basis der Gefährdungsbeurteilung	auf Basis der Gefährdungsbeurteilung
Bearbeiter:					
Überarbeitung	Mrz 18				

Mitarbeiter			Tätigkeiten					Aufbauorganisation								Vorsorgen			Eignungen				Allgemeine Unterweisung		Spezifische Unterweisungen		
			als Grundlage für Arbeitsmedizin					Datum nächster Fortbildung								Jan. 00 = Bedarf, Datum nächster Termin			Datum nä. Termin								
Name	Standort	Abteilung	Arbeiten im Lärmbereich	Hautbelastende Tätigkeit	Bildschirmarbeit	Arbeit bei Hitze und Kälte	Tätigkeiten	Sicherheitsbauftragte DGUV V 1 (ca. alle 3 Jahre)	Bestellung	Ersthelfer DGUV V1 ArbSchG (alle 2 Jahre)	Bestellung	Brandschutzhelfer ASR A2.2 (ca. alle 3 Jahre)	Bestellung	Beauftragte	Nächster Termin	Arbeiten im Lärmbereich (G20)	Hautbelastungen (G24)	Bildschirmarbeit (G37)	Fahr-/Steuer-Tätigkeiten (G25)	Arbeiten Absturzgefahr (G41)	Arbeitsmedizin	Erstunterweisung					Unterweisungen
			x	x		x				Feb. 16					Jan. 00							Feb 12	x	Feb. 14			
			x	x		x				Mrz. 16	x				Jan. 00		Jan. 00										
				x		x		Mrz. 19	x						Jan. 00												
						x						Mrz. 19	x		Jan. 00												
					x										Feb. 15			Feb. 15									
															Jan. 00				Jan. 00								
															Jan. 00												
															Jan. 00												
															Jan. 00												
															Jan. 00												
															Jan. 00												

Anzahl	11	0	1	1	1	0
Davon fällig	0	0	0	0	0	0
Frist in Ordnung	0	0	0	0	0	0
Ohne Termin/Definition	0					

Heutiges Datum

Abb. 35: Kompetenzmatrix Bauunternehmen

Insbesondere die Gefährdungsbeurteilung und die Beurteilung von Chancen (siehe 4.4 und 6.1.2) sowie die rechtlichen Verpflichtungen (6.1.3) liefern wichtige Grundlagen für die Ausführung und die Inhalte aller drei oben dargestellten Dokumente. Die Kompetenzermittlung, -erhaltung und -entwicklung wird in 7.2 erläutert.

Über die Umsetzung der Aufgaben, Verantwortlichkeiten, Befugnisse, Kontroll- und Handlungsbereiche und Grenzen müssen die Verantwortlichen regelmäßig berichten. Die oberste Leitung ist verpflichtet, eine Wirkungskontrolle durchführen. Oftmals wird diese Kontrolle vergessen. Es ist deshalb notwendig, diesen Aspekt der Umsetzungs- und Wirkungskontrolle im Prozess zu berücksichtigen (siehe Abb. 36 »Prozess ›Rollen, Verantwortung und Befugnisse der Organisation‹«, Schritt 9).

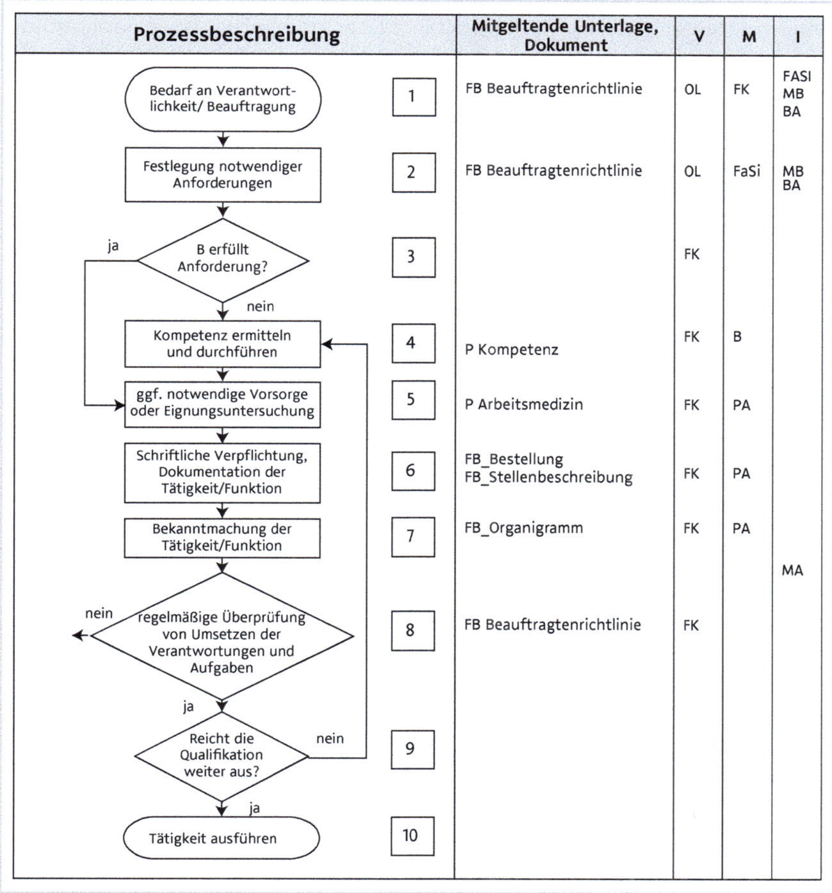

Prozessbeschreibung		Mitgeltende Unterlage, Dokument	V	M	I
Bedarf an Verantwortlichkeit/ Beauftragung	1	FB Beauftragtenrichtlinie	OL	FK	FASI MB BA
Festlegung notwendiger Anforderungen	2	FB Beauftragtenrichtlinie	OL	FaSi	MB BA
B erfüllt Anforderung? (ja / nein)	3		FK		
Kompetenz ermitteln und durchführen	4	P Kompetenz	FK	B	
ggf. notwendige Vorsorge oder Eignungsuntersuchung	5	P Arbeitsmedizin	FK	PA	
Schriftliche Verpflichtung, Dokumentation der Tätigkeit/Funktion	6	FB_Bestellung FB_Stellenbeschreibung	FK	PA	
Bekanntmachung der Tätigkeit/Funktion	7	FB_Organigramm	FK	PA	MA
regelmäßige Überprüfung von Umsetzen der Verantwortungen und Aufgaben (nein / ja)	8	FB Beauftragtenrichtlinie	FK		
Reicht die Qualifikation weiter aus? (nein / ja)	9				
Tätigkeit ausführen	10				

Abb. 36: Prozess »Rollen, Verantwortung und Befugnisse der Organisation«

Auditfragen

- Hat die oberste Leitung Verantwortlichkeiten und Befugnisse relevanter Rollen im SGAMS zugewiesen, bekannt gemacht und dokumentiert?
- Haben alle Beschäftigten Verantwortung für die jeweiligen Aspekte des SGAMS übernommen?
- Hat die oberste Leitung einer Person Verantwortung zugewiesen, die die Anforderungen der ISO 45001 an das SGAMS sicherstellt und an die oberste Leitung berichtet?

Zusammenhänge mit anderen Normkapiteln

Die Verantwortung der obersten Leitung (5.1) ist für dieses Normkapitel die Grundlage dafür, Rollen, Verantwortlichkeiten und Befugnissen zu definieren. Die Gefährdungsbeurteilung und die Beurteilung von Chancen (6.1.2) sowie die Recherche der rechtlichen Verpflichtungen (6.1.3) unterstützen die Notwendigkeiten von Rollen, Verantwortlichkeiten und Befugnissen. Kompetenzentwicklungen (7.2) helfen, um Rollen nicht nur zu definieren, sondern auch mit der notwendigen Kompetenz auszustatten.

5.4 Konsultation und Beteiligung der Beschäftigten

!

5.4 Konsultation und Beteiligung der Beschäftigten (DIN ISO 45001:2018)

Die Organisation muss die Prozesse festlegen, umsetzen und aufrechterhalten zur Konsultation und Beteiligung der Beschäftigten sämtlicher zutreffender Ebenen und Funktionen, und wo vorhanden der Vertreter der Beschäftigten, an der Entwicklung, Planung, Verwirklichung und Leistungsbewertung des SGA-Managementsystems sowie an Maßnahmen zu seiner Verbesserung.

Die Organisation muss:

a) die für die Konsultation und Beteiligung erforderlichen Instrumente, Zeit, Schulungen und Ressourcen zur Verfügung stellen;

b) den rechtzeitigen Zugang zu eindeutigen, verständlichen und relevanten Informationen zum SGA-Managementsystem bereitstellen;

c) Hindernisse oder Barrieren für die Beteiligung bestimmen und beseitigen und die, die nicht beseitigt werden können, auf ein Mindestmaß beschränken;

d) bei Folgendem den Schwerpunkt auf die Konsultation von Beschäftigten legen, die nicht der Leitungsebene angehören:

1. Bestimmen der Erfordernisse und Erwartungen interessierter Parteien (siehe 4.2);
2. Festlegen der SGA-Politik (siehe 5.2);
3. Zuweisen der Rollen, Verantwortlichkeiten und Befugnisse in der Organisation, wie zutreffend (siehe 5.3);

4. Festlegen, wie rechtliche Verpflichtungen und andere Anforderungen (siehe 6.1.3) zu erfüllen sind;
5. Festlegen der SGA-Ziele und Planung, um diese zu erreichen (siehe 6.2);
6. Bestimmen von geeigneten Steuerungsmaßnahmen bezüglich der Ausgliederung, der Beschaffung und der Auftragnehmer (siehe 8.1.4);
7. Bestimmen, was überwacht, gemessen und bewertet werden muss (siehe 9.1);
8. Planen, Festlegen, Verwirklichen und Aufrechterhalten eines Auditprogramms (siehe 9.2.2);
9. Sicherstellen einer fortlaufenden Verbesserung (siehe 10.3);

e) bei Folgendem den Schwerpunkt auf die Beteiligung von Beschäftigten legen, die nicht der Leitungsebene angehören:
1. Bestimmen der Instrumente zu deren Konsultation und Beteiligung;
2. Ermitteln von Gefährdungen und Bewerten von Risiken und Chancen (siehe 6.1.1 und 6.1.2);
3. Bestimmen von Maßnahmen zum Beseitigen von Gefährdungen und zum Verringern von SGA-Risiken (siehe 6.1.4);
4. Bestimmen von Kompetenzanforderungen, Schulungsbedarf, Schulungen und deren Bewertung (siehe 7.2);
5. Bestimmen, was kommuniziert werden muss und wie dies geschehen soll (siehe 7.4);
6. Bestimmen von Steuerungsmaßnahmen und deren wirksame Durchführung und Anwendung (siehe 8.1, 8.1.3 und 8.2);
7. Untersuchen von Vorfällen und Nichtkonformitäten und Bestimmen von Korrekturmaßnahmen (siehe 10.2).

Leitfragen

- Ist ein Prozess zur Konsultation und Beteiligung von Beschäftigten und deren Vertretern definiert?
- Stehen Ressourcen zur Verfügung und werden von den Beschäftigten zu allen wesentlichen Aspekten des SGAMS (Politik, Ziele, Rollen, Erfüllung rechtlicher Verpflichtungen, Ermittlung und Bewertung von Risiken, Maßnahmen zur Risikominimierung usw.) Ansichten eingeholt oder werden die Beschäftigten vor der Entscheidungsfindung einbezogen?
- Stehen Ressourcen (Instrumente, Zeit) zur Verfügung, ist Zugang zu Informationen gegeben und werden Barrieren auf ein Höchstmaß beschränkt?

Es muss ein Prozess zur Konsultation und Beteiligung der Beschäftigten und ggf. deren Vertreter etabliert werden, um die Akzeptanz, den Umsetzungserfolg, die Wirksamkeit sowie die Effizienz des SGAMS zu erhöhen. Auch das ArbSchG fordert im §15 das Beteiligungsrecht der Beschäftigten (vgl. Recht, 2014c).

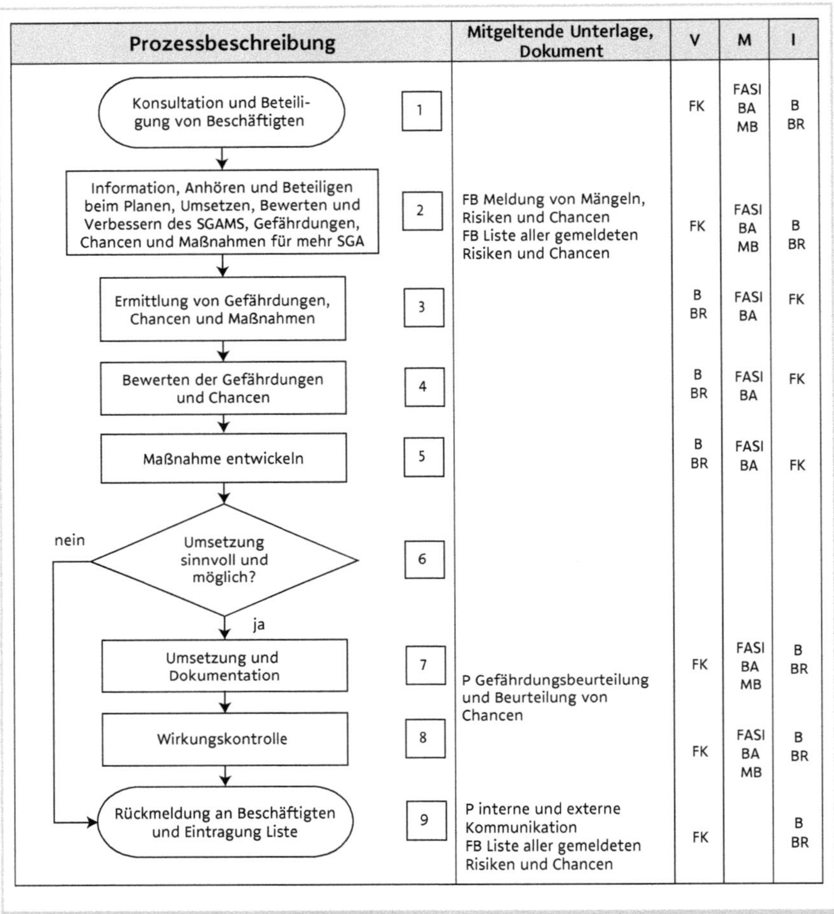

Prozessbeschreibung		Mitgeltende Unterlage, Dokument	V	M	I
Konsultation und Beteiligung von Beschäftigten	1		FK	FASI BA MB	B BR
Information, Anhören und Beteiligen beim Planen, Umsetzen, Bewerten und Verbessern des SGAMS, Gefährdungen, Chancen und Maßnahmen für mehr SGA	2	FB Meldung von Mängeln, Risiken und Chancen FB Liste aller gemeldeten Risiken und Chancen	FK	FASI BA MB	B BR
Ermittlung von Gefährdungen, Chancen und Maßnahmen	3		B BR	FASI BA	FK
Bewerten der Gefährdungen und Chancen	4		B BR	FASI BA	FK
Maßnahme entwickeln	5		B BR	FASI BA	FK
Umsetzung sinnvoll und möglich? (nein → Rückmeldung an Beschäftigten und Eintragung Liste; ja ↓)	6				
Umsetzung und Dokumentation	7	P Gefährdungsbeurteilung und Beurteilung von Chancen	FK	FASI BA MB	B BR
Wirkungskontrolle	8		FK	FASI BA MB	B BR
Rückmeldung an Beschäftigten und Eintragung Liste	9	P interne und externe Kommunikation FB Liste aller gemeldeten Risiken und Chancen	FK		B BR

Abb. 37: Prozess »Konsultation und Beteiligung von Beschäftigten«

Es ist bekannt, dass die Beschäftigten ihren Arbeitsplatz, ihr Arbeitssystem und damit die SGA-Risiken und SGA-Chancen am besten kennen und passende Hinweise und Vorschläge zur Reduzierung von SGA-Risiken und zur Erhöhung von SGA-Chancen geben können. Schon in den 60er-Jahren erkannte man dies in Japan, in den USA und später auch in Deutschland. In sogenannten Sicherheitszirkel, abgeleitet aus den Qualitätszirkeln (vgl. Zink, 1986), überlegten Beschäftigte aus der Montanindustrie, wie man Gefährdungen an ihren Arbeitsplätzen minimieren könnte. In der Automobil-und Chemieindustrie sowie in anderen Branchen holt man die Meinung und Ideen der Beschäftigten seit den 90er-Jahren ein (vgl. Friczewski, 1994, S. 14 ff.), um Verbesserungsmöglichkeiten bei körperlichen Belastungen, in Arbeitsprozessen, aber auch bei mentalen Belastungen zu schaffen. Heute wird diese Art der qualitativen Analyse im betrieblichen Gesundheitsmanagement vielfach eingesetzt (vgl. Weinreich & Weigl, 2002, S. 53 ff.).

Andere Möglichkeiten der Mitarbeiterbeteiligung:

- Interviews
- offene Befragungen
- Großgruppenmoderation

Auch Mitarbeitergespräche und Unterweisungen könnten zur Mitarbeiterbeteiligung genutzt werden.

Die Integration des Themas SGA in das Verbesserungsmanagement oder Vorschlagswesen ist ebenfalls möglich. Hier können Mitarbeiter einen Verbesserungsvorschlag (siehe Abb. 38 »Meldung von Mängeln, Risiken und Chancen«) – auch anonym – in eine verschlossene Box (aufzustellen an verschiedenen Stellen der Organisation) werfen.

ARBEITSHILFE ONLINE

Dieses Formblatt dient Beschäftigten des eigenen Unternehmens, aber auch Beschäftigten einer Fremdfirma zur Meldung von Mängeln, Risiken und Chancen.	
Meldung durch (kann auch anonym sein, Name muss nicht genannt werden)	
Name: Funktion:	
Mangelstelle Gebäude: Raum:	
Mangel/Risiko: □ Schutzausrüstung □ Zutrittsverstoß □ Auffälligkeiten an der Person □ Gefährdung anderer □ Sonstiges:	**Chance:** □ Maschine □ Arbeitsplatz □ Arbeitsumgebung □ Notfallsituationen □ Sonstiges:
Der Mangel wurde behoben □ ja □ nein Prüfung der Wirksamkeit der Behebung □ ja □ nein	
Unterschrift der Führungskraft:	

Abb. 38: Meldung von Mängeln, Risiken und Chancen

Unabhängig davon, welche Methode für das Einbeziehen von Beschäftigten genutzt wird: Damit die Ansichten der Beschäftigten eingeholt und die Beschäftigten in die Entscheidungsfindung einbezogen werden können, müssen ausreichend Ressourcen zur Verfügung stehen. Den Beschäftigten muss Zeit gegeben werden, sich mit der jeweiligen Thematik auseinanderzusetzen. Ebenso müssen sie ausreichend informiert und geschult werden. Für eine geeignete, sinnvolle und nützliche Beteiligung brauchen die Beschäftigten ausreichende Vorabinformationen.

Zu welchen Themen die Konsultation (Ansichten einholen, bevor eine Entscheidung getroffen wird) bzw. die Beteiligung (Einbeziehen in die Entscheidungsfindung, bevor eine Entscheidung gefällt wird) der Beschäftigten stattfinden soll, wird in der Norm in den Punkten d) und e) noch einmal unterschieden.

Hindernisse für die Beteiligung und Konsultation der Beschäftigten sollen so weit wie möglich minimiert werden. Zum Beispiel:

!

Beispiele, wie Hindernisse für Beteiligung und Konsultation minimiert werden können

- Außendienstbeschäftigte oder Monteure erhalten Informationen über Veränderungen in der Organisation per E-Mail.
- Außendienstbeschäftigte oder Monteure werden über Beteiligungsmöglichkeiten über ein Vorschlagspapier informiert, das mit der Lohnabrechnung versandt wird.
- Für Beschäftigte, die nicht Muttersprachler sind, werden Informationen passend aufbereitet und einfach strukturiert.
- Einfach gebildete Beschäftigte erhalten Informationen nicht schriftlich, sondern werden in einer Gruppenbesprechung informiert. Damit wird sichergestellt, dass diese Personen das Thema verstanden haben.

So können die Aufgaben der Führungskräfte (siehe 5.1) unterstützt werden. Das Ermitteln von Gefährdungen und das Bewerten von Risiken und Chancen (siehe 6.1.2) kann durch die ergänzende Perspektive der Beschäftigten optimiert, notwendige Kompetenzen können entwickelt (siehe 7.2) und Maßnahmen zur Reduzierung von SGA-Risiken definiert werden (siehe 8.1.2).

Auditfragen

- Hat die Organisation einen Prozess festgelegt, verwirklicht und aufrechterhalten zur Konsultation und Beteiligung der Beschäftigten aller Ebenen und Funktionen (ggf. auch deren Vertreter) für die Entwicklung, Planung, Umsetzung, Leistungsbewertung und ggf. Verbesserung im SGAMS?

- Werden Instrumente und Ressourcen zur Beteiligung und Konsultation zur Verfügung gestellt?
- Wird Zugang zu notwendigen Informationen verschafft und werden Hindernisse auf ein Höchstmaß reduziert?
- Werden zu folgenden Themen Ansichten eingeholt (Konsultation)?
  - Erwartungen der interessierten Parteien
  - SGA-Politik
  - Rollen
  - Verantwortungen und Befugnisse
  - Erfüllung rechtlicher Verpflichtungen
  - SGA-Ziele
  - geeignete Steuerungsmaßnahmen bei Ausgliederung, Beschaffung und Auftragnehmern
  - Messung, Auditprogramm, Verbessern
- Werden zu folgenden Themen die Beschäftigten vor der Entscheidungsfindung einbezogen (Beteiligung)?
  - Instrumente für Konsultation und Beteiligung
  - Gefährdungen, Risiken und Chancen
  - Maßnahmen zur Verringerung von Risiken
  - Kompetenzanforderung und -bedarf
  - Kommunikationsnotwendigkeit
  - Kontrollmaßnahmen
  - Untersuchung von Vorfällen und Nichtkonformitäten
  - Bestimmen von Korrekturmaßnahmen

Zusammenhänge mit anderen Normkapiteln

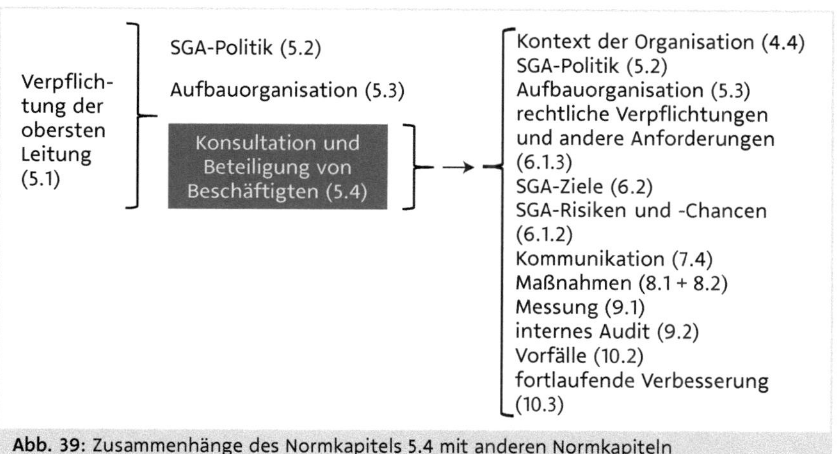

Abb. 39: Zusammenhänge des Normkapitels 5.4 mit anderen Normkapiteln

6 Planung

6.1 Maßnahmen zum Umgang mit Risiken und Chancen

6.1.1 Allgemeines

6 Planung (DIN ISO 45001:2018) !

6.1 Maßnahmen zum Umgang mit Risiken und Chancen
6.1.1 Allgemeines
Bei der Planung des SGA-Managementsystems muss die Organisation die in 4.1 (Kontext) genannten Themen, die in 4.2 (interessierte Parteien) und in 4.3 (Anwendungsbereich des SGA-Managementsystems) genannten Anforderungen berücksichtigen sowie die Risiken und Chancen bestimmen, die betrachtet werden müssen, um:

a) sicherzustellen, dass das SGA-Managementsystem seine beabsichtigten Ergebnisse erzielen kann;
b) unerwünschte Auswirkungen zu verhindern oder zu verringern;
c) fortlaufende Verbesserung zu erreichen.

Bei der Bestimmung der Risiken und Chancen für das SGA-Managementsystem und die beabsichtigten Ergebnisse, mit denen umgegangen werden muss, muss die Organisation den:

- Gefährdungen (siehe 6.1.2.1);
- SGA-Risiken und anderen Risiken (siehe 6.1.2.2);
- SGA-Chancen und anderen Möglichkeiten (siehe 6.1.2.3);
- rechtlichen Verpflichtungen und anderen Anforderungen (siehe 6.1.3)

Rechnung tragen.
Die Organisation muss bei ihren Planungsprozessen die Risiken und Chancen ermitteln und bewerten, die für die beabsichtigten Ergebnisse des SGA-Managementsystems in Verbindung mit Änderungen in der Organisation, deren Prozessen oder dem SGA-Managementsystem relevant sind. Im Fall geplanter Änderungen, die dauerhaft oder vorübergehend sein können, muss diese Bewertung vor Umsetzung (siehe 8.1.3) der Änderung durchgeführt werden.
Die Organisation muss dokumentierte Information aufrechterhalten zu:

- Risiken und Chancen;
- den Prozessen und den Maßnahmen, die zum Ermitteln und Behandeln ihrer Risiken und Chancen (siehe 6.1.2 bis 6.1.4) im notwendigen Umfang, um darauf vertrauen zu können, dass sie wie geplant durchgeführt werden, erforderlich sind.

Leitfrage: Hat die Organisation bei der Gestaltung des SGAMS und bei Änderungen (Struktur, Prozesse, Material oder Regularien) die Umgebungsbedingungen berücksichtigt?

Bei der Planung des SGAMS, der gedanklichen Vorwegnahme der zukünftigen Tätigkeiten, die als Prozesse (inkl. Anweisungen und Formblättern) und Aufbaustruktur (Organigramm und Bestellungsdokumente) ein wesentlicher Teil des SGAMS sind, sollen die Anforderungen (siehe oben) der Organisation und die Risiken und Chancen für das SGAMS berücksichtigt werden. Nur so können die Ziele des SGAMS erreicht, unerwünschte Auswirkungen verhindert oder zumindest verringert und fortlaufende Verbesserungen erzielt werden. Die Organisation muss sich an dieser Stelle noch einmal mit dem Kontext der Organisation auseinandersetzen und ihn in Beziehung zum Aufbau des SGAMS bringen, denn daraus können sich Risiken, aber auch Chancen für das SGAMS ergeben, die es zu beachten gilt.

Agiert die Organisation beispielsweise in einem schnelllebigen Markt wie z. B. in der Kommunikationsbranche, in der der Kostenfaktor eine entscheidende Rolle spielt, könnte ein Risiko für das SGAMS das Verändern von Prioritäten sein und damit das Zur-Verfügung-Stellen von Ressourcen für das SGAMS, seine Maßnahmen und Aufgaben. Durch die sich schnell verändernde Personalstruktur kann jedoch ein SGAMS zur Stabilität von Sicherheit und Gesundheit bei der Arbeit beitragen – es gehört in die Verantwortlichkeit der Führung, könnte deshalb von dieser eine starke Unterstützung erfahren und würde somit eine Chance darstellen.

Oder die Organisation gehört der unfallträchtigen Baubranche an, mit den vielen weniger gut ausgebildeten Bauhelfern, dem Druck, Zeitvorgaben trotz widriger Umstände einzuhalten, und der Notwendigkeit, unterschiedliche Unternehmen auf einer Baustelle zu koordinieren. Oft haben die Beschäftigten auch aufgrund der fehlenden Sprachkompetenz wenig Verständnis für ein SGAMS – und dieses fehlende Bewusstsein stellt ein Risiko dar. Besteht ein SGAMS, ist das für die Unternehmen durchaus von Vorteil:

- Potenzielle Auftraggeber suchen oft nach Aufragnehmern mit einem zertifizierten SGAMS – und unterstützen den Aufbau eines SGAMS damit indirekt.
- Nachweise für Behörden, die Baustellen besuchen, werden durch die gute Organisation aufgrund des SGAMS schnell gefunden. Dies unterstützt das SGAMS ebenfalls.

Wenn eine Organisation in der Pflegebranche im Spannungsfeld von hohen Erwartungen der Angehörigen bei hohem Pflegegrad der Patienten mit geringer werdenden finanziellen Mitteln und Nachwuchsproblemen bei gut ausgebildeten Pflegekräften steht, kann das Verständnis für SGA und SGAMS geringer sein. Die Zeit, sich auch noch um diese Themen zu kümmern, ist nicht ausreichend vorhanden. Andere Themen wie z. B. Dokumentation, um sich abzusichern, haben eine deutlich höhere Priorität. Doch durch gut strukturierte Prozesse und Aufbaustrukturen kann man sich u.U. mehr um den Patienten kümmern.

Bei der Darstellung der Risiken und Chancen bezogen auf die Organisation und das SGAMS müssen neben den SGA-Risiken und SGA-Chancen auch die rechtlichen Verpflichtungen und andere Anforderungen berücksichtigt werden:

- in der Kommunikationsbranche: Arbeitsschutzregularien, das Bundesdatenschutzgesetz (BDSG; vgl. Recht, 2018a) und die Verordnung über elektromagnetische Felder (26. BImSchV; vgl. Recht, 2014a)
- in der Baubranche: die Baustellenverordnung (BaustellV; vgl. Recht, 2014e) und länderbezogene Bauordnungen (LBO; vgl. Bsl-center GmbH)
- in der Pflegebranche: das Medizinproduktegesetz (MPG; vgl. Recht, 2018c) und das Heimgesetz (HeimG; vgl. Recht, 2018b).

All diese Aspekte sollen in die Betrachtung der Risiken und Chancen des SGAMS als dokumentierte Information vorliegen. In einem Maßnahmenplan soll bestimmt werden, wie Risiken minimiert und Chancen gestärkt werden. Beispiele dazu sind in den folgenden Abbildungen zu sehen, die auch in den Arbeitshilfen online zu finden sind.

ARBEITSHILFE ONLINE

MUSTER		Risiken- und Chancenanalyse							
Risiko oder Chance	**Arbeitsbereich/ Arbeitsplatz**	**Tätigkeit/ Themen**	**Beschreibung**	**Risiko aktuell**	**Maßnahmen**	**Umsetzungsverantwortung**	**Termin**	**Verknüpfung Maßnahmenplan**	**Status**
Unterstützungsprozess_Beschaffung_Instandhaltung_Verwaltung									
Risiko	Beschaffung	Lieferant	Ware kommt nicht zum vereinbarten Zeitraum und mit SGA Gefährdungen (scharfe Kanten/Material)		Genaue Kriterien mit den Lieferanten vereinbaren und schriftlich festlegen	Verwaltung	laufend		laufend
Chance	Beschaffung	Zeit/Qualität und weniger Stress	Zeitersparnis und Sicherstellung der Qualität bei Beschaffungsprozess		Lieferantenliste	Verwaltung	laufend		laufend
Unterstützungsprozess_Führung									
Risiko	Führung	Unternehmensziel	Unternehmensziel unrealistisch		Kontrolle der Ziele zum Halbjahr und ggf. Anpassung der Ziele	Führungskraft	zum Halbjahr		laufend
Chance	Führung	Mitarbeiterzufriedenheit	Verbesserung durch die Kritik von Mitarbeitern		enger Austausch mit den Beschäftigten Beschäftigtenbefragung durchführen	Führungskraft	1-mal im Jahr (Herbst)		laufend
SGA-Managementsystem									
Risiko	SGA-Managementsystem	Dokumentation	Hoher Aufwand der Prüfung der Dokumente, Dokumentenlenkung		Bestellung MB, der sich um diesen Bereich kümmert	Managementbeauftragte	laufend		-
Risiko	SGA-Managementsystem	Anpassung an rechtliche Verpflichtungen und andere Anforderungen	Hoher Aufwand der Anpassungen an Normänderungen		regelmäßige (monatlich) Überprüfung und direkte Änderung durchführen	Managementbeauftragte	laufend		-
Risiko	SGA-Managementsystem	Durchführung Audits	Hoher Aufwand für Vorbereitung und Durchführung von Audits		Bestellung MB, der sich um dieses Thema kümmert	Managementbeauftragte	laufend		-
Chance	SGA-Managementsystem	Dokumentation	Durch die Dokumentation von Aufgaben (z. B. im Maßnahmenplan) haben wir die Möglichkeit, vorgefallene Situationen auf ihre Wirksamkeit zu prüfen		Erstellung des Maßnahmenplans	Verwaltung	laufend		-
Chance	SGA-Managementsystem	externes und internes Audit	Kontinuierliche Verbesserung der Organisation durch Feedback der Audits		Auditbericht	Führungskraft	laufend		-

Abb. 40: Risiken- und Chancenanalyse

Wahrscheinlichkeit des Eintritts der Gefährdung/ des Risikos Abhängig von: - zeitlichem Auftreten der Gefahr - der Wahrscheinlichkeit des Eintritts - der Möglichkeit zur Vermeidung/ Begrenzung	**Folgen: Mögliche Schadensauswirkung**			
	Leichter Schaden - geringer Schaden für das Unternehmen - keine Beeinträchtigung der Arbeit - wenig Zeitaufwand zur Behebung des Schadens - keine Kosten	**Mittelschwerer Schaden** - Verlust eines kleinen oder mittelständischen Unternehmens als Kunden - Schaden für das Unternehmen durch negative Reputation - kurzfristige Beeinträchtigung der Arbeit - mittlerer Zeitaufwand zur Behebung des Schadens - Kosten bis 200,00 €	**Schwerer Schaden** - Verlust eines Großkunden - lange Beeinträchtigung der Arbeit - hoher Zeitaufwand zur Behebung des Schadens - Kosten bis 1000,00 €	**Sehr schwerer Schaden** - Verlust mehrerer Kunden - sehr lange Beeinträchtigung der Arbeit - enormer Zeitaufwand zur Behebung des Schadens - Kosten über 1000,00 €
Sehr gering (1 h/Monat; kaum vorstellbar; Gefahr wahrnehmbar und abwendbar bzw. Ausweichen möglich)				
Gering (1 h/Woche; vorstellbar; erkennbar und abstellbar/ begrenzbar aufgrund fachlicher Qualifikation)				
Mittel (täglich; kann erwartet werden; nur bei ständiger Kontrolle erkennbar und begrenzbar)				
Hoch (täglich; regelmäßig; Gefahr tritt ein; falls Sicherheitsmaßnahmen versagen, ist Schaden unvermeidbar)				

Kategorie	Risiko	Beschreibung
	gering	Risiko akzeptabel
	signifikant	Reduzierung des Risikos notwendig
	hoch	Risikoreduzierung dringend erforderlich

Abb. 41: Risikomatrix

Maßnahmenplan

1 Sofortmaßnahmen werden sofort umgesetzt, um „Fehler" zu beheben.

2 Analyse, warum „Fehler" überhaupt aufgetreten ist

3 Korrekturmaßnahmen werden umgesetzt, um „Fehler" zukünftig nicht noch einmal aufkommen zu lassen.

4 Für die Wirksamkeitskontrolle ist der Verantwortliche zuständig. Dies Wirksamkeit muss bewertet werden (+ = hoch | - = niedrig | 0 = neutral).

Quelle (Prozess/ Normkapitel)	Problembeschreibung/ Situationsbeschreibung/ Chancen	entstanden am	rechliche Verpflichtungen und andere Anforderungen	1 Sofortmaßnahmen	2 Ursachenanalyse	Zielorientierung	3 Korrekturmaßnahmen	Verantwortlich	Mitwirkende	Termin	Status	4 Wirksamkeit geprüft
Beschaffung	Verletzung an der neu angeschafften Maschine bei Lieferung (auspacken)	6/1/2017	ArbSchG BetrSichV"	Versorgung der Wunde + Eintragung in das Verbandbuch + Information an Lieferanten	Keine genauen Kriterien mit Lieferanten durchgeführt	Definierte Prozesse einhalten/ SGA auch bei Fremdfirmen	Prozess Beschaffung angepasst	AB	alle	01/06/17	laufend	+
Beschaffung	Bei einer Anschaffung eines neuen Laptops wurde die Software XY nicht installiert.	12/1/2017	BetrSichV ISO 9421"	Ersatzlaptop	Den Beschäftigten war die Installationsnotwendigkeit nicht klar.	Schnelle Auswahl bei Anschaffungen und Bereitstellungen von Arbeitsmitteln — weniger Stress/ Belastung für Beschäftigte	Schulung aller Beschäftigten; IT-Beschaffungsprozess in der nächsten MA-Besprechung	MK	MF	01/03/18	in Bearbeitung	0
Führung	Die Unternehmensziele wurden nicht realisiert und waren im Nachhinein unrealistisch	1/1/2018	ISO 45001	Anpassung der Ziele für das neue Jahr	Keine Kontrolle unterm Jahr zur Erreichung der Ziele	Realistische Ziele festlegen	halbjährliche Kontrolle und ggf. Anpassung der Unternehmensziele in Rücksprache mit den Beschäftigten	MK	CT	01/02/18	laufend	+
SGA-Managementsystem	Die Geschäftsleitung hat einen hohen Aufwand bei der Durchführung der Dokumentenlenkung und der internen Audits. Aufgrund der mangelnden Zeit konnte sie das nicht vollständig bearbeiten.	1/12/2018	ISO 45001	Ausschreibung einer Stelle für einen Managementbeauftragten (MB) inkl. Ausbildung	Keine Unterstützung der Geschäftsleitung zu diesen Themen vorhanden	Entlastung der Geschäftsleitung und schnelle und kompetente Abwicklung der Themen	Bestellung eines Managementbeauftragten ISO 45001 (MB)	AB	MK	12/02/18	in Bearbeitung	+

Abb. 42: Maßnahmenplan

Bei Änderungen im Umfeld der Organisation oder in ihr selbst müssen die oben aufgeführten Aspekte, die das SGAMS nachhaltig beeinflussen, überprüft werden und vor der Umsetzung dieser Änderung ggf. geändert, dokumentiert und berücksichtigt werden.

Des Weiteren sind Prozesse zu dokumentieren, die aufzeigen, wie Risiken und Chancen ermittelt werden. Außerdem ist festzuhalten, und wie mit den Risiken umgegangen wird, um sie zu minimieren. Insbesondere in 6.1.2 ist ein Vorschlag zur Umsetzung im Rahmen eines Prozesses zu finden.

Auditfragen

- Hat die Organisation bei der Planung des SGAMS die Anforderungen (Kontext der Organisation (4.1), interessierte Parteien (4.2), der Anwendungsbereich (4.3)) berücksichtigt und auch Risiken und Chancen bestimmt, damit die für das SGAMS gewünschten Ergebnisse erreicht, unerwünschte Auswirkungen minimiert und fortlaufende Verbesserungen umgesetzt werden?
- Hat die Organisation bei der Bestimmung der Risiken und Chancen für ein SGAMS die Gefährdungen, SGA-Risiken, SGA-Chancen und rechtlichen Verpflichtungen sowie andere Anforderungen berücksichtigt?
- Hat die Organisation bei Planungsprozessen die Risiken und Chancen ermittelt und bewertet und bei Änderungen (z. B. Struktur, Prozesse, Material oder Regularien) diese Ermittlung und Bewertung vorher umgesetzt?
- Verfügt die Organisation über dokumentierte Informationen zu Risiken und Chancen sowie den Prozessen zu deren Ermittlung und Behandlung?

Zusammenhänge mit anderen Normkapiteln

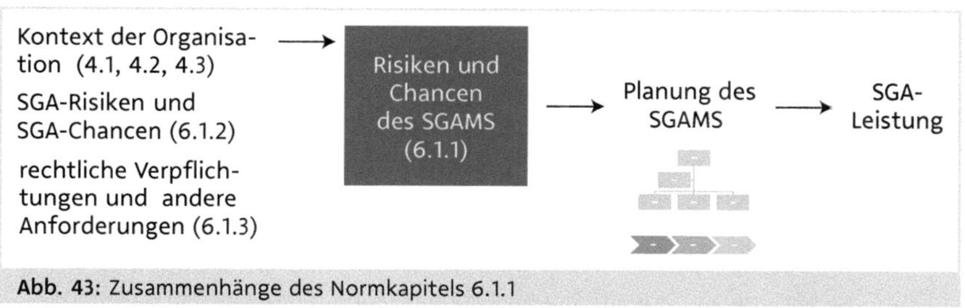

Abb. 43: Zusammenhänge des Normkapitels 6.1.1

6.1.2 Ermittlung von Gefährdungen und Bewertung von Risiken und Chancen

6.1.2.1 Ermittlung von Gefährdungen

!

6.1.2 Ermittlung von Gefährdungen und Bewertung von Risiken und Chancen (DIN ISO 45001:2018)

6.1.2.1 Ermittlung von Gefährdungen

Die Organisation muss fortlaufende und proaktive Prozesse zur Ermittlung von Gefährdungen festlegen, umsetzen und aufrechterhalten. Die Prozesse müssen u.a. Folgendem Rechnung tragen:

a) wie Arbeit organisiert wird, soziale Faktoren (einschließlich Arbeitsbelastung, Arbeitszeiten, ungerechte Behandlung, Belästigung und Schikanieren), Führung und Kultur in der Organisation;
b) routinemäßige und nicht routinemäßige Tätigkeiten und Situationen, einschließlich Gefährdungen durch:
   1. Infrastruktur, Arbeitsmittel, Arbeitsstoffe und die physischen Bedingungen des Arbeitsplatzes;
   2. Produkt- und Dienstleistungsgestaltung, Forschung, Entwicklung, Prüfung, Produktion, Montage, Konstruktion, Dienstleistungserbringung, Wartung und Entsorgung;
   3. menschliche Faktoren;
   4. die Art der Arbeitsausführung;
c) zurückliegende relevante Vorfälle, inner- oder außerhalb der Organisation, einschließlich Notfällen und ihren Ursachen;
d) potentiellen Notfallsituationen;
e) Personen, einschließlich der Berücksichtigung:
   1. derjenigen mit Zugang zum Arbeitsplatz und deren Tätigkeiten, einschließlich Beschäftigten, Auftragnehmern, Besuchern und anderen Personen;
   2. derjenigen in der Umgebung des Arbeitsplatzes, die durch Tätigkeiten der Organisation betroffen sein können;
   3. von Beschäftigten an einem Ort, der nicht dem direkten Einfluss der Organisation untersteht;
f) anderen Themen, einschließlich der Berücksichtigung von:
   1. Arbeitsbereichsgestaltung, Prozessen, Anlagen, Maschinen/Arbeitsmitteln, Betriebsverfahren und Arbeitsorganisation, einschließlich ihrer Anpassung an die Bedürfnisse und Fähigkeiten der betroffenen Beschäftigten;
   2. Situationen, die in der Umgebung des Arbeitsplatzes, als Folge von arbeitsbedingten Tätigkeiten im Einflussbereich der Organisation auftreten;

3. Situationen, die nicht durch die Organisation beeinflusst werden, die in der Umgebung des Arbeitsplatzes auftreten und dazu führen können, dass Personen am Arbeitsplatz Verletzungen und Erkrankungen erleiden;

g) tatsächliche oder vorgeschlagene Änderungen in der Organisation, den Betriebsabläufen, den Prozessen, den Tätigkeiten und dem SGA-Managementsystem (siehe 8.1.3);
h) Änderungen des Wissens und der Informationen über Gefährdungen.

Leitfrage: Wird ein Prozess für das fortlaufende, proaktive und reaktive Ermitteln und Bewerten von SGA-Risiken und SGA-Chancen definiert, umgesetzt, weiterentwickelt und in die Geschäftsprozesse integriert?

Gefährdungen im gesamten Arbeitssystem sind proaktiv zu identifizieren. Dabei müssen soziale, psychische, physische und physikalische Faktoren Berücksichtigung finden. Auch Notfälle, die auftreten können, fallen darunter. Die Ermittlung der Gefährdung muss schon bei der (Neu-)Gestaltung des Arbeitssystems, also z. B. des Arbeitsplatzes, der Arbeitsmittel oder der Arbeitsorganisation umgesetzt werden. Die Gefährdungsermittlung gilt für Beschäftigte, aber auch für Personen, die in der unmittelbaren Umgebung davon betroffen sein können, z. B. Besucher, Beschäftigte von Fremdfirmen oder Nachbarn.

Die Interaktion von Personen und Beschäftigten mit ihren Qualifikationen, Erfahrungen und ihrer Kompetenz und den Gefährdungen aus dem jeweiligen Arbeitssystem muss dabei besonderes beachtet werden. Diese Notwendigkeit wird deutlich bei Besuchern, neuen Beschäftigten oder Beschäftigten von Fremdfirmen, die bestimmte Gefährdungen, wie zum Beispiel die Absturzgefahr auf Baustellen oder die Gefahr durch UV-Strahlung in der Produktion an Schweißarbeitsplätzen u. U. nicht einschätzen und einordnen können.

Ändern sich Erkenntnisse über Materialien, Prozesse, Maschinen und die daraus resultierenden Gefährdungen, müssen diese erneut in die Ermittlung von Gefährdungen einfließen. So ist man z. B. bei 2-K-Lacken, die Isocyanate enthalten, erst nach deren Einführung zu der Erkenntnis gelangt, dass diese krebserregend sind.

Ebenso müssen geplante Änderungen am Arbeitsplatz, in Prozessen oder bei den Tätigkeiten vor der Umsetzung in der Ermittlung von Gefährdungen berücksichtigt werden. Die Aufzeichnungen über neuartige Gefährdungen, deren Auswirkungen und Folgen nach aktuellen Erkenntnissen noch nicht vorliegen, müssen aktualisiert werden, wenn neue gesicherte Erkenntnisse vorliegen. Beispiele gibt es in unserer Arbeitswelt genug: Man denke dabei z. B. an die Nanotechnologie, autonome Maschinen oder Transportmittel, Robotik, Assistenzsysteme in Form von Datenbrillen, neue Lichtsysteme, mobiles Arbeiten, visuelle Belastungen in Open-Space-Bürolandschaften oder altersgemischte Teams.

Die Ermittlung von Gefährdungen mit ihrer Bewertung (6.1.2.2) und den geplanten (6.1.4), umgesetzten (8.1.2) und wirksamkeitsüberprüften (9.1.1) Maßnahmen ist das Herzstück des SGAMS. Dieser Prozess wird immer wieder neu angestoßen werden müssen, auch weil sich aus unterschiedlichen Gründen Veränderungen in der Arbeitswelt ergeben, die meistens Auswirkungen auf Gefährdungen haben. In Abb. 17 »Prozess ›Gefährdungsbeurteilung und Beurteilung von Chancen‹« ist der Prozess zu ersehen, der mit der Bewertung von Risiken und Chancen, Maßnahmenfindung, -umsetzung und Wirksamkeitskontrolle kombiniert ist.

Bei der Umsetzung der Gefährdungsbeurteilung und der Beurteilung von Chancen sind folgende Punkte zu berücksichtigen:

- generell den Prozess proaktiv gestalten
- Verantwortungen und Befugnisse klären
- Regelung finden, in welchem Zyklen und bei welchen Handlungsanlässen der Prozess wiederholt wird
- im Fall eines Vorfalls reaktiv aktiv werden
- rechtliche Verpflichtungen und andere Anforderungen bzgl. des Arbeitssystems berücksichtigen (siehe auch 6.1.3)
- Gefährdungen ermitteln (regelmäßige und nicht regelmäßige, auch mögliche Vorfälle und bei Veränderungen)
- Gefährdungen nach definierter Vorgehensweise bewerten (siehe 6.1.2.2)
- Chancen bezüglich des Arbeitssystems und bei möglichen Veränderungen beurteilen
- (externe) Experten hinzuziehen und Beschäftigte einbeziehen (siehe 5.4)
- Maßnahmen vorschlagen, über Maßnahmen entscheiden, Maßnahmen planen (6.1.4) und umsetzen (8.1.1)
- Wirksamkeit der Maßnahmen bzgl. SGA bewerten, bei der Bewertung die Bewertungsmethoden vorher festlegen
- ggf. Korrekturmaßnahmen festlegen und umsetzen

In Abb. 18 »Formblatt ›Gefährdungsbeurteilung und Beurteilung von Chancen‹« sind SGA-Risiken und -Chancen aus drei unterschiedlichen Branchen dargestellt.

Auditfragen

- Hat die Organisation einen fortlaufenden und proaktiven Prozess zur Ermittlung von Gefährdungen festgelegt, verwirklicht und weiterentwickelt?

- Berücksichtigt der Prozess die unterschiedlichen Aspekte des Arbeitssystems (siehe auch Abb. 19 »Arbeitssystem in Anlehnung an DIN EN 6385:2016«), zurückliegende Vorfälle, Notfallsituationen, andere Personen, die im Einfluss der Organisation stehen, Änderungen des Arbeitssystems und auch Änderungen des Wissens?

6.1.2.2 Bewertung von SGA-Risiken und anderen Risiken für das SGA-Managementsystem

6.1.2.2 Bewertung von SGA-Risiken und anderen Risiken für das SGA-Managementsystem (DIN ISO 45001:2018)

!

Die Organisation muss Prozesse festlegen, umsetzen und aufrechterhalten, um:

a) SGA-Risiken anhand der identifizierten Gefährdungen zu bewerten und dabei der Wirksamkeit bestehender Maßnahmen Rechnung zu tragen;
b) andere Risiken in Verbindung mit dem Aufbau, der Verwirklichung, dem Betrieb und der Aufrechterhaltung des SGA-Managementsystems zu bestimmen und bewerten.

Die Methodik und Kriterien der Organisation zur Bewertung der SGA-Risiken müssen hinsichtlich des Anwendungsbereichs, der Beschaffenheit und des Zeitpunkts festgelegt werden, um sicherzustellen, dass sie eher proaktiv als reaktiv sind und systematisch angewendet werden. Über die Methodik und Kriterien muss dokumentierte Information aufrechterhalten und aufbewahrt werden.

Leitfrage: Wird ein Prozess für das fortlaufende, insbesondere proaktive Bewerten von SGA-Risiken und anderen Risiken für das SGAMS definiert, umgesetzt und weiterentwickelt?

Die Notwendigkeit der Bewertung von Gefährdungen in der SGA (also SGA-Risiken) ergibt sich bereits aus Rechtsvorschriften (z.B. dem ArbSchG). Eine Möglichkeit der Beurteilung von SGA-Risiken nach Nohl (vgl. BGW) sieht man in der nächsten Abbildung:

		S Schadensausmaß				
W Wahrscheinlichkeit		ohne Arbeitsausfall	mit Arbeitsausfall	leichter bleibender Gesundheitsschaden	schwerer bleibender Gesundheitsschaden	Tod
		I	II	III	IV	V
häufig	A	1	2	3	3	3
gelegentlich	B	1	2	3	3	3
selten	C	1	2	2	3	3
unwahrscheinlich	D	1	2	2	2	3
praktisch unmöglich	E	1	1	1	2	2

R	Risikogruppe	Risiko	Maßnahme
	Risikogruppe 1	klein	Maßnahme organisatorisch und personenbezogen ausreichend
	Risikogruppe 2	mittel	Maßnahmen mit normaler Schutzwirkung notwendig
	Risikogruppe 3	groß	Maßnahmen mit erhöhter Schutzwirkung dringend notwendig

Abb. 44: Risikoeinschätzung/-beurteilung durch eine Risikomatrix, hier nach Nohl

Mit diesem Schema ist es möglich, anhand der Kriterien »Schadensausmaß« und »Wahrscheinlichkeit« das Risiko abzustufen und damit die Dringlichkeit von Maßnahmen zu veranschaulichen.

Ähnlich bestimmt auch die folgende Risikomatrix das Risiko und bewertet so die SGA-Gefährdungen. Durch die noch detailliertere Beschreibung von Schadensauswirkung und Wahrscheinlichkeit der Gefährdung wird die Bewertung möglicherweise noch genauer.

Das Risiko in beiden Risikomatrizen wird immer als Produkt aus möglichem Gesundheitsschaden und der Wahrscheinlichkeit des Eintritts definiert.

Risikomatrix				
Wahrscheinlichkeit der Gefährdung Abhängig von: - zeitlichem Auftreten der Gefahr, - der Wahrscheinlichkeit des Eintritts - der Möglichkeit zur Vermeidung/Begrenzung	**Folgen: Mögliche Schadensauswirkung**			
	Leichte Verletzung oder Erkrankung kein bleibender Gesundheitsschaden (Bagatellfolgen)	**Mittelschwere Verletzung** oder Erkrankung kein bleibender Gesundheitsschaden	**Schwere Verletzung oder Erkrankung** leichter bleibender Gesundheitsschaden	**Sehr Schwere Verletzung oder Erkrankung** Schwerer bleibender Gesundheitsschaden, Tod, Katastrophe
Sehr gering (1 h/Monat; kaum vorstellbar; Gefahr wahrnehmbar und abwendbar bzw. Ausweichen möglich)				
Gering (1 h/Woche; vorstellbar; erkennbar und abstellbar/begrenzbar aufgrund fachlicher Qualifikation)				
Mittel (täglich; kann erwartet werden; nur bei ständiger Kontrolle erkennbar und begrenzbar)				
Hoch (täglich; regelmäßig; Gefahr tritt ein; falls Sicherheitsmaßnahmen versagen, ist Schaden unvermeidbar)				

Kategorie	Risiko	Beschreibung	Maßnahme
	gering	Restrisiko akzeptabel	möglich
	signifikant	Grenzrisiko überschritten	erforderlich
	hoch	Grenzrisiko weit überschritten	

Schwere der Gesundheitsschädigung

Schweregrad	Beschreibung	Beispiele für Unfallfolgen	Beispiele für Erkrankungen
A	Keine gesundheitlichen Folgen	Keine Verletzung	Keine Erkrankung
B	Bagatellfolgen (die Arbeit kann fortgesetzt werden)	Kleine Schnittverletzung Lokale Verbrennung ersten Grades	Leichte Erkältung Kopfschmerzen
C	Mäßig schwere Folgen (Arbeitsausfall, ohne Dauerschäden)	Platzwunde Einfache Brüche	Grippaler Infekt Hörsturz
D	Schwere Folgen (irreparable Dauerschäden möglich)	Verlust von Gliedmaßen	Organschädigungen Posttraumatische Belastungsstörung
E	Tödliche Folgen	Tödliche Verletzungen	Asbestose Krebs

Eintrittswahrscheinlichkeit

	qualitativ	quantitativ	Beispiele
	kann nicht eintreten	0	
1	fast unmöglich	$0{,}00001 = 10^{-5}$	Flugzeugabsturz
2	vorstellbar, aber unwahrscheinlich	$0{,}0001 = 10^{-4}$	Tödlicher Arbeitsunfall
3	gelegentlich möglich	$0{,}001 = 10^{-3}$	Vier Richtige im Lotto
4	gut möglich	$0{,}01 = 10^{-2}$	Autounfall
5	fast gewiss	$0{,}1 = 10^{-1}$	Eine Sechs würfeln
	tritt sicher ein	1	

Abb. 45: Risikoeinschätzung/-beurteilung durch eine Risikomatrix

Zur Bewertung von Gefährdungen und SGA-Risiken sind jedoch auch andere Herangehensweisen möglich, zum Beispiel der Vergleich mit oder die Abweichung von Zielwerten in Form von physikalischen, chemischen, biologischen oder mechanischen Messgrößen. Als Zielwerte sind Lärmwerte, die in Dezibel (dB) gemessen werden bekannt. 85 dB (A) sollen nicht überschritten werden. Weitere Zielwerte im Bereich der Gefahrstoffe werden oft in molarer Masse (mg/mol) gemessen. In der Maschinensicherheit findet man Mindestabstände in Form von Millimeterangaben. Weichen die tatsächlichen Werte von den Zielwerten ab, können die tatsächlichen Werte bewertet werden.

Bei psychischen Gefährdungsfaktoren ist auch eine subjektive Bewertung durch die Beschäftigten möglich (z.B. Über- und Unterforderung). Die Beschäftigten können zum Beispiel einen Fragenkatalog beantworten und so ihr Urteil abgeben. Durch die Kumulation der Antworten ergibt sich eine Beurteilung der psychischen Gefährdungsfaktoren. In der folgenden Abb. 46 »Fragenkatalog zu Über- und Unterforderung« ist eine Möglichkeit abgebildet.

ARBEITSHILFE ONLINE

		trifft überhaupt nicht zu	**trifft eher nicht zu**	**teils-teils**	**trifft eher zu**	**trifft völlig zu**
Quantitative Überforderung						
7	Ich habe nicht genug Zeit, meine Arbeit zu erledigen.	○	○	○	○	○
8	Es gibt so viel zu tun, dass es mir über den Kopf wächst.	○	○	○	○	○
9	Es passiert so viel auf einmal, dass ich es kaum bewältigen kann.	○	○	○	○	○
10	Ich habe zu viel Arbeit.	○	○	○	○	○
Qualitative Überforderung						
11	Ich muss Dinge tun, für die ich eigentlich zu wenig ausgebildet und auf die ich zu wenig vorbereitet bin.	○	○	○	○	○
12	Bei dieser Arbeit gibt es Dinge, die zu kompliziert sind.	○	○	○	○	○

		trifft überhaupt nicht zu	trifft eher nicht zu	teils-teils	trifft eher zu	trifft völlig zu
13	Es werden Anforderungen an mich gestellt, die ich auch mit mehr Zeit nicht erfüllen kann.	○	○	○	○	○
Quantitative Unterforderung						
14	Bei meiner Tätigkeit langweile ich mich.	○	○	○	○	○
15	Bei meiner Tätigkeit habe ich viel Leerlauf.	○	○	○	○	○
16	Ich hätte gerne mehr zu tun.	○	○	○	○	○
Qualitative Unterforderung						
17	Ich habe zu wenig Gelegenheit, Dinge zu tun, die ich gut beherrsche.	○	○	○	○	○
18	Ich habe das Gefühl, dass ich mehr könnte, als von mir verlangt wird.	○	○	○	○	○
19	Bei dieser Arbeit werden keine besonderen Fähigkeiten und Fertigkeiten erwartet.	○	○	○	○	○

Abb. 46: Fragenkatalog zu Über- und Unterforderung

Bewertungen können jedoch auch durch die Aussagen von Experten (Rating von Gutachtern) oder durch Zählen (Unterweisungsquote, Hinweise von Beschäftigten, unsicheres Verhalten) erfolgen.

Der Prozess für die Bewertung von SGA-Risiken ist in Abb. 49 dargestellt. Nach dem Ermitteln von SGA-Risiken werden diese im Schritt 6 bewertet.

Bewertungen von SGA-Risiken werden generell proaktiv vorgenommen, ggf. werden weitere oder regelmäßige Bewertungszeitpunkte im Vorfeld definiert. Zum Beispiel wird die Lärmexposition im Produktionsbereich vierteljährlich gemessen. Die Gefährdungsbeurteilung psychischer Belastungen wird alle zwei Jahre vorgenommen.

Nach einer umgesetzten Maßnahme wird, wie im Prozess (Abb. 49, Schritt 9) definiert, die Bewertung der SGA-Risiken nach zuvor festgelegten Kriterien erneut vorgenommen, um die Wirksamkeit der Maßnahme zu erkennen. Deshalb findet auch eine Bewertung nach Umbaumaßnahmen, also Änderungen im Arbeitssystem statt.

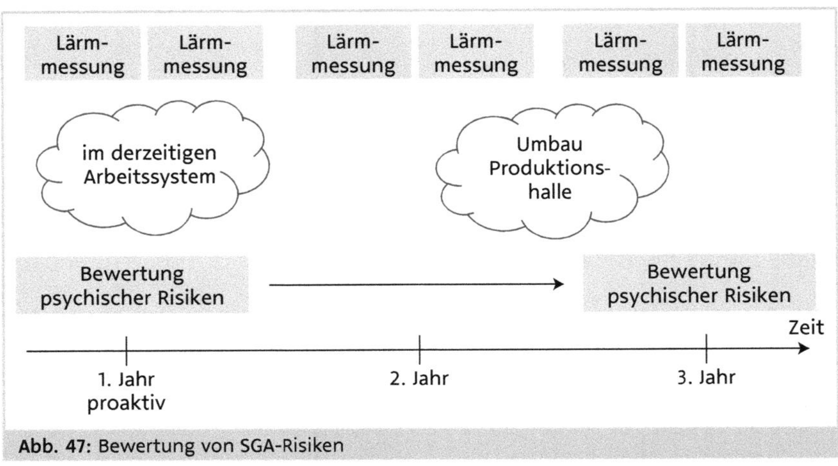

Abb. 47: Bewertung von SGA-Risiken

Darüber hinaus müssen auch Risiken für das Managementsystem selbst, also das SGAMS bewertet werden (siehe 6.1.1 sowie Abb. 40 »Risiken- und Chancenanalyse« und Abb. 49 »Prozess für die Ermittlung von Risiken und Chancen für das SGAMS«). Auch diese Risiken sollen jedoch nicht nur ermittelt werden, wie im Kap. 6.1.1 an den Beispielen aus der Kommunikations-, Bau- und Pflegebranche aufgezeigt. Es soll ebenso eine Bewertung stattfinden. In Anlehnung an ISO 31000 Risikomanagement (vgl. ISO, 2018) geht der Risikobewertung eine Risikoidentifikation und Risikoanalyse voraus. Die Risikoidentifikation ist mit der Ermittlung der Gefährdung vergleichbar und für die Pflegebranche wurde für das SGAMS das »geringe Verständnis und wenig Zeit für SGA« genannt (siehe 6.1.1). Die Risikoanalyse betrachtet die Ursachen der Risiken, ihre positiven und negativen Auswirkungen, die Wahrscheinlichkeit des Eintretens und Faktoren, die die Auswirkungen und die Wahrscheinlichkeit beeinflussen.

So können die Ursachen für das o.g. Risiko »geringes Verständnis für SGA« in den fehlenden Inhalte der SGA bei der Ausbildung von Pflegekräften liegen oder in der unzureichenden und/oder ineffektiven Unterweisung sowie in der fehlenden SGA-Kultur in der Organisation. Für die Analyse der Ursachen von Risiken kann das Ishikawa-Diagramm (vgl. Kern, 2012, S.68) helfen.

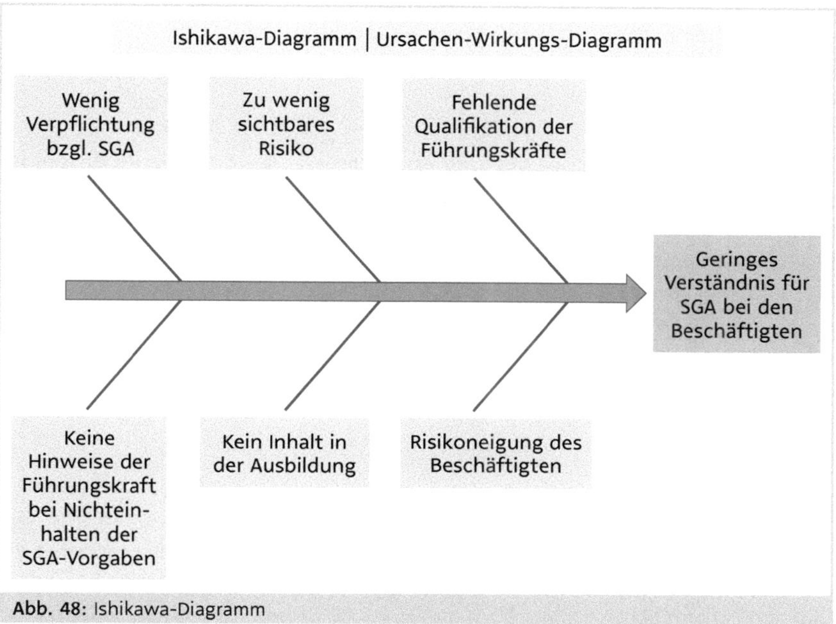

Abb. 48: Ishikawa-Diagramm

Die positiven Auswirkungen der beiden Risiken »geringes Verständnis und wenig Zeit für SGA« wären mehr Zeit für die Pflege oder andere Aufgaben (z.B. Dokumentation, Pause, engerer Kontakt zu den Bewohnern). Negative Auswirkungen können ein höheres SGA-Risiko durch zu geringe Beachtung der SGA-Vorgaben sein und damit Erkrankungen und Verletzungen, was wiederum zur Folge hätte, dass weniger Personal zur Verfügung steht. Die Wahrscheinlichkeit des Eintretens dieser negativen Auswirkungen ist relativ hoch, da die Belastungen bzw. Gefährdungen im Pflegebereich in Form von Heben und Tragen, Schnitt- und Stichverletzungen, Infektionen, Hautbelastung durch ständige Reinigung und das Tragen von Handschuhen sowie belastende psychische Faktoren ständig vorhanden sind. Die Faktoren, die die Auswirkungen und die Eintrittswahrscheinlichkeit beeinflussen, sind u.a. Zeitdruck. Dieser wird vor allem durch eine grundsätzlich geringe Personaldecke, unvorhergesehene Situationen (wie z.B. ein Bewohner stürzt, erkrankt, stirbt) oder Angehörige mit Gesprächsbedarf oder Beschwerden hervorgerufen.

Durch die Risikoanalyse betrachtet man das Risiko noch intensiver anhand der Kriterien:

- Ursachen und Quellen
- positive und negative Auswirkungen

- Wahrscheinlichkeit des Eintretens der Auswirkungen
- Faktoren, welche die Auswirkungen und die Eintrittswahrscheinlichkeit beeinflussen

Dadurch kann eine Risikobewertung noch genauer werden, um im Anschluss zu entscheiden, ob das Risiko akzeptierbar und tolerierbar für die Organisation ist oder ob Maßnahmen ergriffen werden müssen. Eine Bewertung des Risikos kann nach folgender Klassifizierung erfolgen:

- nicht relevant
- geringes Risiko
- niedriges Risiko
- mittleres Risiko
- hohes Risiko
- sehr hohes Risiko

Es gilt festzuhalten, dass alle SGA- und SGAMS-Risiken zu bewerten sind. Die Bewertung kann auf verschiedene Weise erfolgen. Es gilt diese jedoch proaktiv vorzunehmen und die Kriterien der Bewertung zu definieren. Nach der Umsetzung von Maßnahmen erfolgt eine zuvor definierte weitere Bewertung. Alle Bewertungen müssen im SGAMS dokumentiert vorliegen.

Auditfragen

- Hat die Organisation einen Prozess festgelegt, verwirklicht und aufrechterhalten, um SGA-Risiken und andere Risiken für das SGAMS zu bewerten, und trägt dieser Prozess der Wirksamkeit der Maßnahmen Rechnung?
- Wurde eine Methodik der Organisation zur Bewertung der SGA-Risiken festgelegt, die sicherstellt, dass sie proaktiv und systematisch angewendet wird?
- Wird die Bewertung der SGA-Risiken ausreichend dokumentiert?

Zusammenhänge mit anderen Normkapiteln

Dieses Normkapitel hat einen direkten Zusammenhang mit dem vorhergehenden (6.1.2.1) und dem sich anschließenden Kapitel (6.1.2.3). Wiederzufinden sind die Forderungen dieses Kapitels auch in 8.1 und 9.1.

6.1.2.3 Bewertung von SGA-Chancen und anderen Chancen für das SGA-Managementsystem

!

6.1.2.3 Bewertung von SGA-Chancen und anderen Chancen für das SGA-Managementsystem (DIN ISO 45001:2018)

Die Organisation muss Prozesse festlegen, umsetzen und aufrechterhalten, um Folgendes zu bewerten:

a) SGA-Chancen zur Steigerung der SGA-Leistung, wobei geplanten Änderungen der Organisation, ihrer Politiken, ihrer Prozesse oder ihrer Tätigkeiten Rechnung zu tragen ist, und:
   1. Chancen zur Anpassung der Arbeit, Arbeitsorganisation und Arbeitsumgebung an die Beschäftigten;
   2. Chancen zur Beseitigung von Gefahren und Verringerung von SGA-Risiken;

b) andere Chancen zur Verbesserung des SGA-Managementsystems

Leitfrage: Wird ein Prozess für das Bewerten von SGA-Chancen und anderen Chancen für das SGAMS definiert, umgesetzt und weiterentwickelt – insbesondere bei Veränderungen?

Die Organisation muss einen Prozess definieren, umsetzen und ggf. weiterentwickeln, um Chancen für das SGAMS, aber auch generell SGA-Chancen zu bewerten. Dieser Prozess soll die Grundlage dafür sein, um insgesamt die SGA-Leistung zu verbessern.

Insbesondere aufgrund von Veränderungen können sich Chancen für eine Verbesserung der SGA-Leistung, aber auch für das gesamte SGAMS ergeben. Mögliche SGA-Chancen liegen im gesamten Arbeitssystem:

- Arbeitsumgebung (helle, lichtdurchflutete Räume, Frischluftzufuhr, automatische Klimatisierung und effiziente Absaugung)
- Arbeitsstätte (rutschfeste Böden, ausreichend Platz auch auf Verkehrswegen)
- Arbeitsmittel (sichere und lärmarme Maschinen, ergonomische Werkzeuge)
- Arbeitsorganisation und -ablauf (flüssiger Arbeitsablauf, hindernisarme Prozesse, flexible Einteilung von Pausen und Arbeitszeit, Möglichkeit, sich auch um flankierende Themen neben der Produktion zu kümmern (wie z.B. Konflikte, vorbeugende Wartung), abgestimmte Prozesse zwischen Vertrieb und Arbeitsvorbereitung)
- Beschäftigte (ausreichende Qualifikation, hohe Motivation)
- Kunden und Lieferanten (gutes, partnerschaftliches Verhältnis, Absprache, wie man sich gegenseitig unterstützen kann)

Ein dafür geeigneter Prozess ist in der Abb. 17 »Prozess ›Gefährdungsbeurteilung und Beurteilung von Chancen‹«dargestellt.

Chancen für das SGAMS sind zum Beispiel:

- Beschäftigte unterstützen das SGAMS, weil sie einen Vorteil für sich selbst erkennen: mehr Sicherheit und Gesundheit zu erleben.
- Führungskräfte und oberste Leitung erfüllen die Pflichten im SGA.
- Eine klare Zuordnung von Aufgaben und für die Umsetzung von Maßnahmen ist definiert und dokumentiert.
- Die Ideen und Vorschläge der Beschäftigten werden genutzt.

Wie ein kombinierter Prozess für die Ermittlung und Bewertung von Risiken und Chancen des SGAMS aussehen könnte, ist unten in Abb. 49 dargestellt. Siehe auch Abb. 40 »Risiken- und Chancenanalyse«.

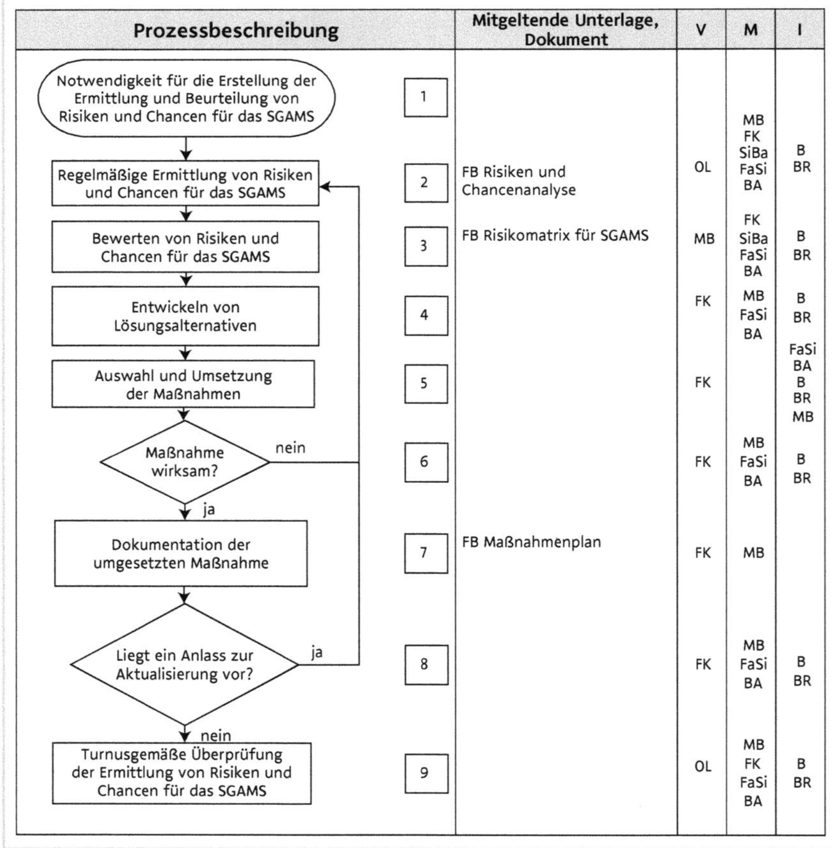

Abb. 49: Prozess für die Ermittlung von Risiken und Chancen für das SGAMS

Auditfragen

- Hat die Organisation einen Prozess festgelegt, verwirklicht und aufrechterhalten, um SGA-Chancen zur Steigerung der SGA-Leistung unter Berücksichtigung geplanter Änderungen zu bewerten?
- Hat die Organisation einen Prozess festgelegt, verwirklicht und aufrechterhalten, um andere Chancen zur Verbesserung des SGAMS zu bewerten?

Zusammenhänge mit anderen Normkapiteln

In diesem Kapitel werden die Forderungen aus der 6.1.1 spezifiziert und in Analogie zu den SGA-Risiken und Risiken für das SGAMS (6.1.2.1 und 6.1.2.3) nun auch die Chancen bewertet.

6.1.3 Bestimmung rechtlicher Verpflichtungen und anderer Anforderungen

!

6.1.3 Bestimmung rechtlicher Verpflichtungen und anderer Anforderungen (DIN ISO 45001:2018)

Die Organisation muss Prozesse festlegen, umsetzen und aufrechterhalten, um:

a) aktuelle rechtliche Verpflichtungen und andere Anforderungen, die bezogen auf ihre Gefährdungen, SGA-Risiken und ihr SGA-Managementsystem gelten, zu bestimmen und auf diese zugreifen zu können;
b) zu bestimmen, wie diese rechtlichen Verpflichtungen und anderen Anforderungen auf die Organisation angewendet werden und was erforderlich ist kommuniziert zu werden;
c) diesen rechtlichen Verpflichtungen und anderen Anforderungen Rechnung zu tragen, wenn sie ihr SGA-Managementsystem festlegt, verwirklicht, aufrechterhält und fortlaufend verbessert.

Die Organisation muss dokumentierte Information über ihre rechtlichen Verpflichtungen und anderen Anforderungen aufrechterhalten und aufbewahren und muss sicherstellen, dass diese aktualisiert wird, um jede Änderung widerzuspiegeln.

Leitfrage: Gibt es einen Prozess bezüglich der Bestimmung, Umsetzung und Kommunikation rechtlicher Vorschriften und anderer Anforderungen?

In Deutschland gilt der duale Arbeitsschutz. Das heißt, sowohl der Staat als auch die Unfallversicherungsträger (aufgrund des Subsidiaritätsprinzips) kümmern sich um die Sicherheit und Gesundheit bei der Arbeit (SGA) und haben gesetzlich geregelte Aufgaben. Die folgende Abb. 50 »Das duale Arbeitsschutzsystem der Bundesrepublik Deutschland« gibt einen Überblick über Gesetze, Verordnungen und Regeln des Staates sowie die Verordnungen der Unfallversicherungsträger zum SGA. Darüber hinaus gibt es noch Richtlinien des Staates und Regeln, Grundsätze und Informationen der Unfallversicherungsträger, die einen weniger bindenden Stellenwert besitzen als die Gesetze, Verordnungen und Vorschriften und weitere, auch außerhalb des SGA liegende Regularien. Dazu zählen z. B. das Bundesdatenschutzgesetz, das Bürgerliche Gesetzbuch, das Betriebsverfassungsgesetz, die vorliegende Norm und weitere, auch in diesem Buch erwähnte Normen.

Nicht zu vergessen sind auch Vereinbarungen zwischen Kunden und Lieferanten (z. B. Zusammensetzungen von Materialien (Mischverhältnis im Beton), Leistungen von Arbeitsmitteln (Verdichtungsdrucke durch Baumaschinen) oder Vorgaben von Dienstleistungen (Reaktionszeiten von Anfragen). Diese werden in der vorliegenden Norm als »andere Anforderungen« bezeichnet.

Abb. 50: Das duale Arbeitsschutzsystem der Bundesrepublik Deutschland

Um einen Überblick über die für die Organisation geltenden rechtlichen Verpflichtungen und anderen Anforderungen zu erhalten, die auf die Gefährdungen und Chancen der Organisation selbst, die des SGAMS der Organisation und die SGA-Risiken und -Chancen zutreffen, muss die Organisation einen Prozess festlegen, verwirklichen und aufrechterhalten.

Dieser Prozess kann wie folgt aussehen:

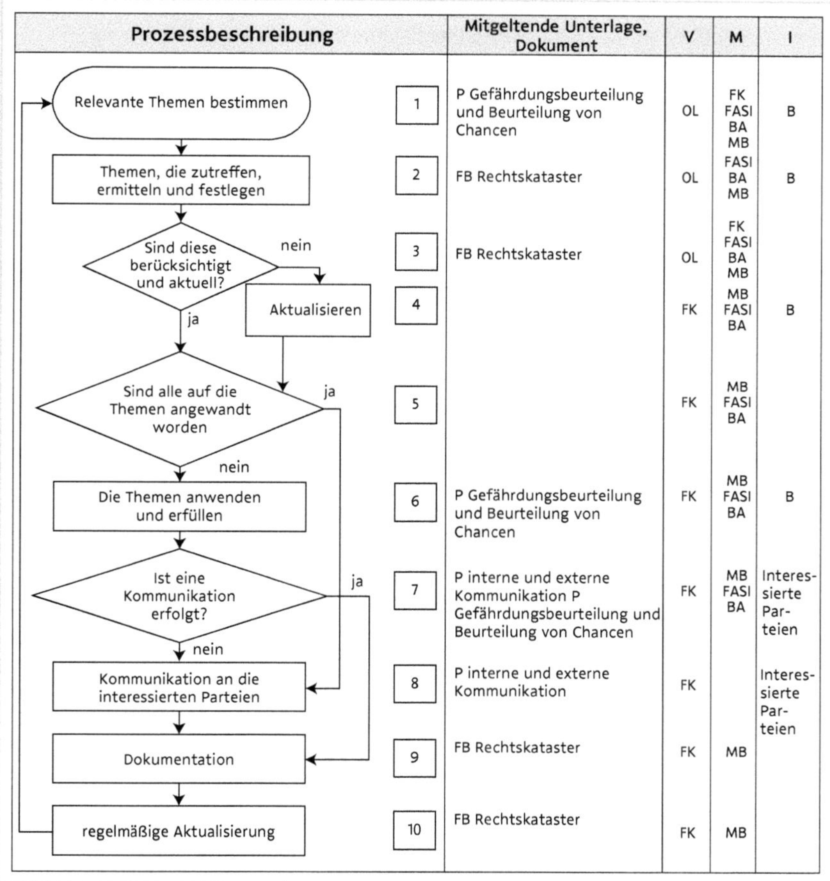

Prozessbeschreibung		Mitgeltende Unterlage, Dokument	V	M	I
Relevante Themen bestimmen	1	P Gefährdungsbeurteilung und Beurteilung von Chancen	OL	FK FASI BA MB	B
Themen, die zutreffen, ermitteln und festlegen	2	FB Rechtskataster	OL	FASI BA MB	B
Sind diese berücksichtigt und aktuell? (nein → Aktualisieren; ja →)	3	FB Rechtskataster	OL	FK FASI BA MB	
Aktualisieren	4		FK	MB FASI BA	B
Sind alle auf die Themen angewandt worden (ja →; nein →)	5		FK	MB FASI BA	
Die Themen anwenden und erfüllen	6	P Gefährdungsbeurteilung und Beurteilung von Chancen	FK	MB FASI BA	B
Ist eine Kommunikation erfolgt? (ja →; nein →)	7	P interne und externe Kommunikation P Gefährdungsbeurteilung und Beurteilung von Chancen	FK	MB FASI BA	Interessierte Parteien
Kommunikation an die interessierten Parteien	8	P interne und externe Kommunikation	FK		Interessierte Parteien
Dokumentation	9	FB Rechtskataster	FK	MB	
regelmäßige Aktualisierung	10	FB Rechtskataster	FK	MB	

Abb. 51: Prozess »Bestimmung rechtlicher Verpflichtungen und anderer Anforderungen«

Zunächst werden alle relevanten Themen definiert. Hierbei kann man sich auch der Überlegungen unter Kapitel 4 bedienen. Wesentliche Themen sind jedoch auch die SGA-Risiken und -Chancen (siehe 6.1.1). Aus diesen Themen ergeben sich Verbindungen zu rechtlichen Verpflichtungen und anderen Anforderungen. Beispiele dazu siehe die folgende Abbildung, aber auch Abb. 8 »Einige zentrale Regularien im dualen Arbeitsschutz – rechtliche Verpflichtungen«.

AbStättV	Arbeitsstättenverordnung
ArbMedVV	Verordnung zur arbeitsmedizinischen Vorsorge
BetrSichV	Betriebssicherheitsverordnung
PSA-BV	PSA-Benutzungsverordnung
LasthandhabV	Lastenhandhabungsverordnung
GefStoffV	Gefahrstoffverordnung
LärmVibrationsArbSchV	Lärm- Vibrations- Arbeitsschutzverordnung
OStrV	Arbeitsschutzverordnung zu künstlicher optischer Strahlung
StrlSchV	Strahlenschutzverordnung
MuSchArbV	Verordnung zum Schutze der Mütter am Arbeitsplatz
AGG	Allgemeines Gleichbehandlungsgesetz
BGB	Bürgerliches Gesetzbuch
Spezifisch für die Baubranche sind:	
BaustellV	Baustellenverordnung
LBO	Landesbauordnung
RAB 30	Regeln zum Arbeitsschutz auf Baustellen
Spezifisch für die Kommunikationsbranche sind:	
EMFV	Verordnung zum Schutz der Beschäftigten vor Gefährdungen durch elektromagnetische Felder
DGUV Regel 115-402	Regeln für Callcenter
BDSG	Bundesdatenschutzgesetz
Spezifisch für die Pflegebranche sind:	
BioStoffV	Biostoffverordnung
MPG	Medizinproduktegesetz
PSG	Pflegestärkungsgesetz

Abb. 52: Rechtliche Verpflichtungen und andere Anforderungen

In einem sogenannten Rechtskataster können alle für die Organisation zutreffenden Regularien genannt und beschrieben werden.

ARBEITSHILFE ONLINE

	Stand/ Datum	Aktualität geprüft am	Verant-wortlicher	Nächste Prüfung
(ArbSchG) Arbeitsschutzgesetz	31.08.2015	15.03.2018	XY	Feb 19
(ASiG) Arbeitssicherheitsgesetz	20.04.2013	15.03.2018	XY	Feb 19
(ArbZG) Arbeitszeitgesetz	20.04.2013	15.03.2018	XY	Feb 19
(SGB V) gesetzliche Kranken-versicherung	17.02.2016	15.03.2018	XY	Feb 19
(SGB VII) gesetzliche Unfall-versicherung	21.12.2015	15.03.2018	XY	Feb 19
(SGB IX) Rehabilitation und Teilhabe behinderter Menschen	31.08.2015	15.03.2018	XY	Feb 19
(AGG) Allgemeines Gleichbehandlungsgesetz	03.04.2013	15.03.2018	XY	Feb 19
(MuSchG) Mutterschutzgesetz	23.10.2012	15.03.2018	XY	Feb 19
(JArbSchG) Jugendarbeits-schutzgesetz	03.03.2016	15.03.2018	XY	Feb 19

Abb. 53: Rechtskataster

So können alle Beteiligten auf die zutreffenden rechtlichen Verpflichtungen und anderen Anforderungen zugreifen. Dieses Rechtskataster muss regelmäßig aktualisiert werden, indem sich die Verantwortlichen z. B. mit Informationsschriften (elektronisch oder in Papierform) monatlich oder vierteljährlich auf dem Laufenden halten. Mindestens einmal im Jahr sollte das Rechtskataster auf Aktualität überprüft werden.

Nachdem die zutreffenden rechtlichen Verpflichtungen und andere Anforderungen ermittelt wurden, muss analysiert werden, welche Vorgaben und Umsetzungsnotwendigkeiten die Regularien fordern.

Durch einen Soll-Ist-Vergleich der Vorgaben mit dem aktuellen Umsetzungsstand nach den jeweiligen Regularien muss definiert werden, was noch nicht oder nur teilweise umgesetzt wurde (siehe auch 6.1.4 und 8.1.3). Die Differenz gilt es zu leisten, indem festgelegt wird, was von wem wie zu realisieren ist, wer beteiligt ist und wer wem was kommuniziert (siehe 7.4.1). Dies kann zum einen in der Gefährdungsbeurteilung und der Beurteilung von Chancen (siehe auch 6.1.1. und 6.1.2) und zum anderen in einem Maßnahmenplan (8.1.1 und Abb. 42 »Maßnahmenplan«) berücksichtigt werden. Eine Überprüfung der Einhaltung der rechtlichen Verpflichtung und anderen Anforderungen ist selbstverständlich und wird explizit in diesem und in Kap. 9.1.2 gefordert.

Auditfragen

- Hat die Organisation einen Prozess festgelegt, verwirklicht und erhält sie diesen aufrecht, um rechtliche Vorschriften und andere Anforderungen zu bestimmen? Ist ebenfalls festgelegt, wie diese angewendet werden, wie auf diese zuzugreifen ist, wie ihnen Rechnung zu tragen ist und wie diese zu kommunizieren sind?
- Gibt es dokumentierte Informationen über rechtliche Verpflichtungen und andere Anforderungen und werden diese aktualisiert?

Zusammenhänge mit anderen Normkapiteln

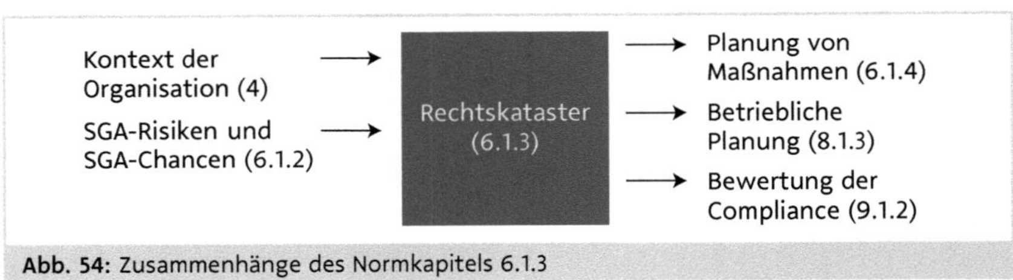

Abb. 54: Zusammenhänge des Normkapitels 6.1.3

6.1.4 Planung von Maßnahmen

!

6.1.4 Planung von Maßnahmen (DIN ISO 45001:2018)

Die Organisation muss planen:

a) Maßnahmen:
   1. zum Umgang mit diesen Risiken und Chancen (siehe 6.1.2.2 und 6.1.2.3);
   2. zum Umgang mit rechtlichen Verpflichtungen und anderen Anforderungen (siehe 6.1.3);
   3. für die Vorbereitung und Reaktion auf Notfallsituationen (siehe 8.2);

b) wie:
   1. die Maßnahmen in die SGA-Managementsystem-Prozesse oder andere Geschäftsprozesse integriert und durchgeführt werden;
   2. die Wirksamkeit dieser Maßnahmen bewertet wird.

Bei der Planung der zu ergreifenden Maßnahmen muss die Organisation der Maßnahmenhierarchie (siehe 8.1.2) und den Ergebnissen des SGA-Managementsystems Rechnung tragen.
Bei der Planung ihrer Maßnahmen muss die Organisation bewährte Vorgehensweisen, technologische Möglichkeiten und finanzielle, betriebliche und geschäftliche Anforderungen berücksichtigen.

Leitfrage: Hat die Organisation Maßnahmen geplant, um die SGA-Leistung und das SGAMS zu verbessern?

Allein das Identifizieren und Bewerten von Risiken und Chancen (auch SGA-Risiken und SGA-Chancen) ist nicht ausreichend. Um Risiken zu minimieren und die Chancen zu nutzen, ist die Planung und Umsetzung von Maßnahmen notwendig. Des Weiteren gilt es, die Gesetze und Regularien (insb. der SGA) zu berücksichtigen – auch dazu müssen Maßnahmen geplant und umgesetzt werden. Dasselbe gilt für Maßnahmen für Notfallsituationen (z. B. zweiter Fluchtweg oder die Definition der Rettungskette). Nur so können die SGA-Ziele erreicht, die SGA-Leistung erhöht und das SGAMS verbessert werden.

Beispiele aus der Bau-, Pflege- und Kommunikationsbranche !

- Baubranche: Nur durch die Planung (6.1.4) und schließlich die Umsetzung (8.1.2) z. B. der Installation von regelkonformen Gerüsten (Seitenschutz, Zwischen- und Geländerholme) wird die Absturzgefahr minimiert und weitere Verletzungen verhindert.
- Kommunikationsbranche: Durch Stimmtraining kann den Callcenteragenten die schonende Nutzung ihrer Stimme vermittelt und so der Lärmpegel minimiert und Stimmbeschwerden und Atemwegserkrankungen vermieden werden.
- Pflegebranche: Hebe- und Tragehilfen können Rückenbeschwerden minimieren.

Alle Planungen von Maßnahmen (um Regularien zu genügen, um Risiken zu minimieren, um Chancen zu nutzen und um Notfallsituationen vorzubeugen) müssen nicht nur in SGAMS-Prozesse, sondern auch in andere Geschäftsprozesse integriert werden.

Beispiele aus der Bau-, Pflege- und Kommunikationsbranche !

- Baubranche: Die Installation von regelkonformen Gerüsten, die etwas mehr Zeit verlangen, könnte schon in der Angebots- und Umsetzungsphase berücksichtigt werden.
- Kommunikationsbranche: Das Stimmtraining erhält jeder Agent beim Einführungskurs in die Abläufe und Techniken des Callcenters vor der Aufnahme der Arbeit.

- Pflegebranche: Die Nutzung der Hebehilfen bei bestimmten Tätigkeiten (Duschen, Baden, Wechseln der Betten bei Bettlägerigen) werden als Arbeitsanweisung vorgegeben und in der Einweisung von Pflegekräften intensiv berücksichtigt und stellen einen wesentlichen Aspekt bei der Kontrolle der Führungskräfte von Arbeitstätigkeiten dar.

Bei der Auswahl und damit auch bei der Planung der Maßnahmen muss die Maßnahmenhierarchie (STOPP) berücksichtigt werden:

1. **S**ubstituieren oder Ausschalten des SGA-Risikos (kein Hochbau, keine Telefonie mehr, sondern Kommunikation nur noch via Chat oder nur Pflege von Bewohnern, die nicht bettlägerig sind)
2. **T**echnische Maßnahmen (Gerüst, Hebebühne, Lärmschutz/-schlucker an den Wänden, um den Lärmpegel insgesamt zu senken, Hebehilfen)
3. **O**rganisatorische Maßnahmen (regelmäßige Kontrollen des Gerüsts, Weiterleitung von Anrufern bei zu hohem Telefonaufkommen, Unterstützung beim Heben und Tragen durch Kollegen/Kolleginnen)
4. **P**ersönliche Schutzausrüstung (Absturzsicherung, soweit sie aufgrund von Regularien zugelassen ist, selbstregulierendes Mikrofon, Back Belt (Gürtel um die Lendenwirbelsäule, die die Stabilisierung der LWS unterstützt))
5. **P**ersönliche Unterweisung (keine Arbeiten in der Nähe der Absturzgefahr verrichten, die Lautstärke der Stimme reflektieren, beim Heben und Tragen von Bewohnern auf die Nähe der Körperschwerpunkte achten und die Muskulatur anspannen)

Die Maßnahmen sind am effektivsten, wenn sie im Paket oder in Kombination durchgeführt werden. Substituieren oder Ausschließen von Gefährdungen bzw. SGA-Risiken haben zwar die größte Wirkung, können realistisch gesehen jedoch selten verwirklicht werden. Die Kombination von technischen/organisatorischen Maßnahmen und der persönlichen Unterweisung ist oftmals schon aufgrund der gesetzlichen Vorgaben notwendig und höchst effektiv.

Veränderungen im Umfeld (siehe auch 8.1.3) müssen ebenfalls berücksichtigt werden. Technologische Standards und wirtschaftliche Möglichkeiten sollen bei der Maßnahmenauswahl beachtet und die Wirksamkeit der Maßnahmen bewertet werden (siehe auch 6.1.2, Abb. 42 »Maßnahmenplan« und Abb. 17 »Prozess ›Gefährdungsbeurteilung und Beurteilung von Chancen‹«).

Die Wirksamkeit der Maßnahmen muss dadurch nachgewiesen werden, dass dieselben Bewertungskriterien und -methoden (siehe 6.1.2) nach der Maßnahme angewendet werden wie vorher.

Besonders zu betonen ist, dass in diesem Kapitel nur die Planung von Maßnahmen und deren Wirksamkeitsüberprüfung gefordert werden.

Auditfragen

- Hat die Organisation Maßnahmen zum Umgang mit Risiken und Chancen, mit rechtlichen Verpflichtungen und mit anderen Anforderungen und zur Vorbereitung und Reaktion auf Notfallsituationen geplant?
- Hat die Organisation die Integration und Verwirklichung der SGAMS-Prozesse oder anderer Geschäftsprozesse und deren Wirksamkeit geplant?
- Hat die Organisation bei der Planung der Maßnahmen die Maßnahmenhierarchie sowie technologische, betriebliche und finanzielle Aspekte berücksichtigt?

Zusammenhänge mit anderen Normkapiteln

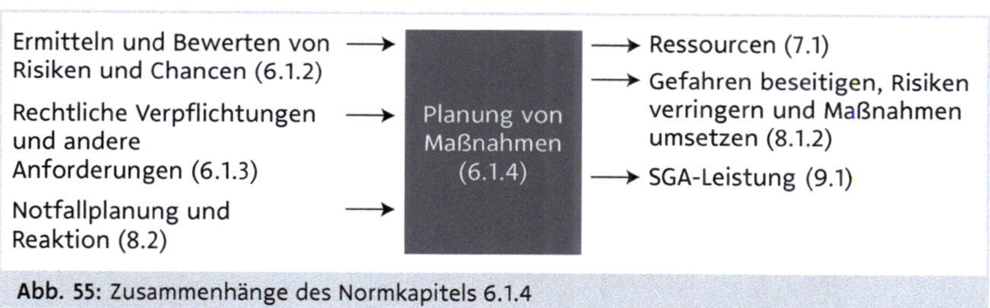

Abb. 55: Zusammenhänge des Normkapitels 6.1.4

6.2 SGA-Ziele und Planung zu deren Erreichung

6.2.1 SGA-Ziele

6.2 SGA-Ziele und Planung zu deren Erreichung (DIN ISO 45001:2018)

!

6.2.1 SGA-Ziele

Die Organisation muss SGA-Ziele für relevante Funktionen und Ebenen festlegen, um das SGA-Managementsystem und die SGA-Leistung (siehe 10.3) aufrechtzuerhalten und fortlaufend zu verbessern.

Die SGA-Ziele müssen:

a) im Einklang mit der SGA-Politik stehen;
b) messbar (sofern machbar) oder zur Leistungsbewertung tauglich sein;
c) Folgendem Rechnung tragen:
   1. anwendbaren Anforderungen;
   2. den Ergebnissen der Bewertung der Risiken und Chancen (siehe 6.1.2.2 und 6.1.2.3);

3. den Ergebnissen der Konsultationen von Beschäftigten (siehe 5.4) und, wo vorhanden, deren Vertretern;

d) überwacht werden;
e) vermittelt werden;
f) soweit erforderlich, aktualisiert werden.

Leitfrage: Hat die Organisation SGA-Ziele festgelegt?

Ziele sind für jedes Managementsystem von essenzieller Bedeutung. Der PDCA-Zyklus bezieht sich sowohl bei »plan« als auch bei »check« auf die Ziele. Ohne SGA-Ziele kann die SGA-Leistung nicht vollständig gemessen werden. Durch die Definition der SGA-Ziele findet Orientierung für Planungen und Entscheidungen von Maßnahmen statt und Verbesserungen können gemessen und nachgewiesen werden. Die Unternehmensstrategie, SGA-Politik und die SGA-Ziele müssen einander bedingen und in Einklang stehen. Die Politik ist eher allgemein formuliert, die SGA-Ziele dagegen müssen **»smart«** (**s**pezifisch, **m**essbar, **a**ttraktiv, **r**ealistisch und **t**erminiert) sein (vgl. Brühwiler, 2016, S.73). Ziele müssen überwacht und der gesamten Organisation bekannt gemacht werden und können sich über die Zeit hinweg auch verändern. Ziele werden nicht einfach festgelegt oder entwickelt. Es handelt sich hier um einen umfangreichen Prozess der obersten Leitung (siehe 5.1) unter Einbezug der Führungskräfte, der internen und externen Experten sowie der Beschäftigten (siehe 5.4). Die rechtlichen Verpflichtungen und anderen Anforderungen (siehe 6.1.3), die Risiken und Chancen für die Organisation (siehe 4.4) des Arbeitssystems (siehe 6.1.2) und des SGAMS (siehe 6.1.2) müssen berücksichtigt werden.

Ziele können die Einhaltung der rechtlichen Verpflichtungen und anderen Anforderungen wie z.B. die Unterweisungsquote sein. Eine Messung ist hier ohne Probleme möglich. Es muss nur gezählt werden. Ziele können sich an der Reduzierung der SGA-Risiken (Frühindikatoren) orientieren und durch die Bewertung (siehe 6.1.2.2) gemessen werden. Klassische Ziele sind Spätindikatoren wie z.B. Arbeitsunfähigkeitstage (AU-Tage) aufgrund von Erkrankungen, Verletzungen und/oder Arbeitsunfällen. Andere Abteilungen, insbesondere die Personalabteilung, haben diese Werte oft schon parat.

Ziele können jedoch auch SGA-übergreifend sein wie z.B. die Fluktuation oder die Anzahl der Verbesserungsvorschläge. Ziele sollten sich immer an der Realität und dem Bedarf orientieren.

Fragen, die in einem Ziele-Entwicklungsworkshop gestellt werden sollen, können folgende sind:

- Was sind unsere größten Probleme?

- Was sind die Ursachen dafür (siehe Ursachenanalyse 6.1.2.2)?
- Was sind unsere größten Rechtfertigungsbedarfe?
- Woran macht unsere oberste Leitung ein erfolgreiches SGAMS fest?
- Was sind die größten Risiken und Chancen?
- Was sind die wichtigeren und weniger wichtigen Ziele?
- Welche Maßnahmen sind vorgesehen, möglich und werden schon praktiziert, um Ziele zu erreichen?
- Welche Maßnahmen bzgl. der Zielerreichung unterstützen andere Ziele, wirken neutral oder hindern diese daran, sich positiv zu entwickeln?

Durch eine Matrix kann die letzte Frage geklärt werden. Denn Ziele unterstützen sich positiv (++ = sehr stark, + = stark) beeinflussen sich weder positiv noch negativ (0 = neutral) oder behindern sich (-- = sehr stark oder - = stark).

ARBEITSHILFE ONLINE

	Arbeitsunfälle	Verletzungen	Arbeitsunfähigkeitstage	Zufriedenheit	weniger Belastungen (Heben und Tragen)	weniger psychische Belastungen	Fluktuation	Unterweisungsquote
Arbeitsunfälle	0	+	++	+	+	++	0	+
Verletzungen	+	0	++	+	0	++	0	+
Arbeitsunfähigkeitstage	++	++	0	-- ++	++	++	0	- +
Zufriedenheit	+	+	++	0	+	++	++	
weniger Belastungen (Heben und Tragen)					0			
weniger psychische Belastungen						0		
Fluktuation								

	Arbeits-unfälle	Verlet-zungen	Arbeits-unfähig-keits-tage	Zufrie-den-heit	weniger Belastun-gen (He-ben und Tragen)	weniger psychi-sche Belas-tungen	Fluk-tua-tion	Unter-wei-sungs-quote
Unterwei-sungs-quote								

Abb. 56: Zielematrix

Man weiß, dass Maßnahmen, z.B. um die Arbeitsunfälle zu minimieren, sich direkt positiv auf die Zielerreichung der AU-Tage auswirken. Maßnahmen, um Zufriedenheit zu erreichen, können sich ebenso positiv auf die Entwicklung und das Ziel »Minimierung von AU-Tagen« auswirken. Maßnahmen, um die AU-Tage zu senken (z.B. Kopplung von Gratifikation an AU-Tage oder Krankenrückkehrgespräche) können sich jedoch negativ auf die Zufriedenheit auswirken. Mit diesen Überlegungen können Ziele selbst und deren Gewichtung, aber auch die Maßnahmen bzgl. der Zielerreichung multimodal hinterfragt werden und in die Planung von Ressourcen zur Zielerreichung einbezogen werden (siehe auch 6.2.2).

ARBEITSHILFE ONLINE

Wie SGA-Ziele benannt, mit welchen Indikatoren und Methoden sie gemessen werden können und welche übergeordneten Ziele diesen zugeordnet werden, finden Sie in den Arbeitshilfen online.

Auditfragen

- Hat die Organisation SGA-Ziele festgelegt, die im Einklang mit der SGA-Politik stehen, messbar sind, und den Anforderungen, Risiken und Chancen sowie den Ergebnissen der Konsultation der Beschäftigten Rechnung tragen?
- Werden die Ziele überwacht, vermittelt und aktualisiert?

Zusammenhänge mit anderen Normkapiteln

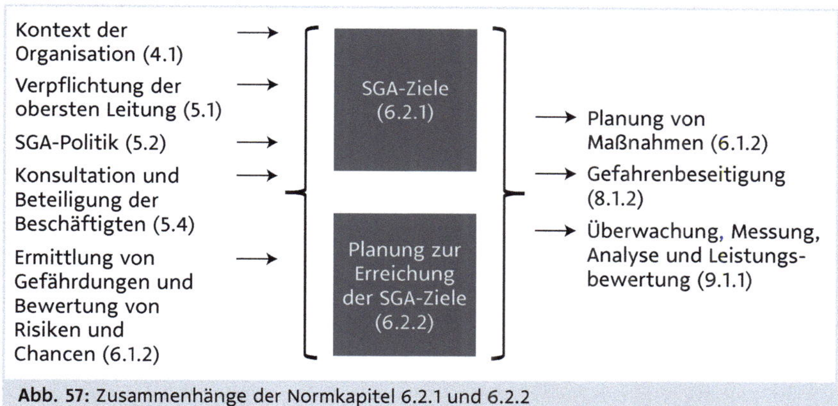

Abb. 57: Zusammenhänge der Normkapitel 6.2.1 und 6.2.2

6.2.2 Planung zur Erreichung der SGA-Ziele

6.2.2 Planung zur Erreichung der SGA-Ziele (DIN ISO 45001:2018)

!

Bei der Planung zum Erreichen ihrer SGA-Ziele muss die Organisation bestimmen:

a) was getan wird;
b) welche Ressourcen erforderlich sind;
c) wer verantwortlich ist;
d) wann es abgeschlossen wird;
e) wie die Ergebnisse bewertet werden, einschließlich der Kennzahlen zur Überwachung;
f) wie die Maßnahmen zum Erreichen der SGA-Ziele in die Geschäftsprozesse der Organisation integriert werden.

Die Organisation muss dokumentierte Informationen zu den SGA-Zielen und Pläne zu deren Erreichung aufrechterhalten und aufbewahren.

Leitfrage: Hat die Organisation geplant, wie diese Ziele erreicht werden und genügend Ressourcen zum Erreichen der Ziele bereitgestellt?

Mit diesem Normkapitel soll die Planung zur Erreichung der Ziele Verbindlichkeit erhalten. Schon bei der Planung soll die Bewertung der Ergebnisse berücksichtigt werden.

Ziele fordern Maßnahmen und es muss Verantwortliche für die Umsetzung geben. Ressourcen für die Umsetzung der Maßnahme müssen zur Verfügung gestellt werden. Nach Umsetzung der Maßnahmen erfolgt eine Wirksamkeitsprüfung, die Ergebnisse werden bewertet und fließen in den Zielerreichungsgrad mit ein. Die Maßnahmen müssen dann in das SGAMS und/oder in die Geschäftsprozesse integriert werden. Sowohl die Zielsetzung selbst als auch die Planung, die Ziele zu erreichen, werden kommuniziert, die Ansichten der Beschäftigten werden eingeholt und als dokumentierte Information festgehalten. Im SGAMS muss nicht nur erkennbar sein, wie die Ziele gestaltet sind, sondern auch deutlich werden, wie sich die Verbindung zwischen Zielen und Maßnahmen darstellt.

Maßnahmen müssen im SGAMS nicht nur bzgl. ihrer Wirksamkeit evaluiert werden (siehe auch ArbSchG; vgl. Recht, 2014c), sondern auch den Zielen zugeordnet werden. Eine Möglichkeit der Darstellung eines Maßnahmenplans im SGAMS ist aus der Abb. 42 »Maßnahmenplan« zu ersehen.

Auditfragen

- Hat die Organisation geplant, was getan wird, und genügend Ressourcen bereitgestellt, um die Ziele zu erreichen?
- Ist festgelegt worden, wie die Ergebnisse bewertet werden?
- Sind die Maßnahmen zum Erreichen der Ziele in die Geschäftsprozesse integriert?
- Hat die Organisation dokumentierte Informationen zu den SGA-Zielen und Pläne zu deren Erreichung aufbewahrt?

Zusammenhänge mit anderen Normkapiteln: siehe auch 6.2.1

Zusammengefasst fordert das Kapitel 6 die Ermittlung und Bewertung von Risiken und Chancen für die Organisation selbst (auch in Anlehnung an Kap. 4), für das SGAMS und das Arbeitssystem. Des Weiteren verlangt dieses Kapitel das Bewerten dieser Risiken und Chancen und das Bestimmen der rechtlichen Verpflichtungen und anderen Anforderungen (Punkt 1 in Abb. 58 »Zusammenhänge des Normkapitels 6.2.2«). Sowohl das Ermitteln als auch das Bewerten erfordert eine Maßnahmenplanung auch im Zusammenhang mit den Notwendigkeiten, die sich aus rechtlichen Forderungen ergeben (Punkt 2 in Abb. 58). Ziele werden gebildet aufgrund der Ermittlung und Bewertung von Risiken, Chancen und rechtlichen Verpflichtungen und sind zentrale Forderungen jedes Managementsystems (Punkt 3 in Abb. 58). Um die SGA-Ziele zu erreichen, müssen Maßnahmen geplant (und umgesetzt, 8.1.2) werden (Punkt 2 in Abb. 58). Prospektiv sollen die Maßnahmen geplant werden, die die Zielerreichung wahrscheinlich machen, was nicht trivial ist. Denn mit der Maßnahmenplanung muss im Vorfeld eine Wirksamkeitsbewertung durchgeführt werden (6.1.4), was wiederum zur Erreichung der Ziele beiträgt (6.2.2) (Punkt 4 in Abb. 58). Eine gedankliche Vorwegnahme und Interaktion in Form eines Planungs- und damit Managementkreislaufs ist gefordert, wie in der Abbildung zu sehen ist.

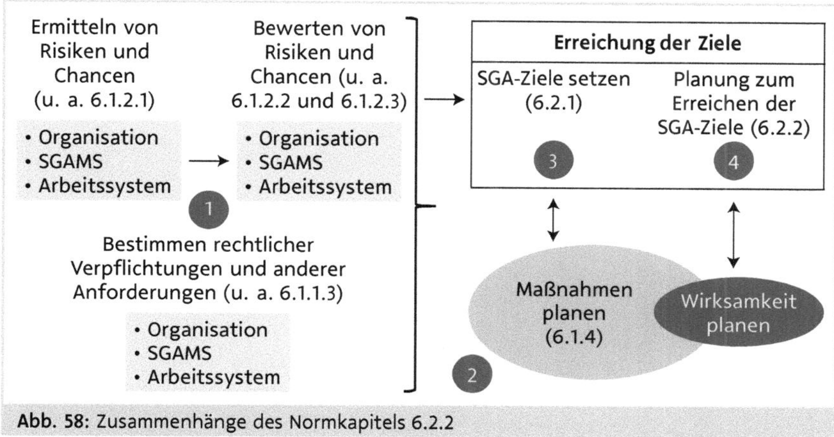

Abb. 58: Zusammenhänge des Normkapitels 6.2.2

Damit die Ziele aufgrund der Analyse und Planung von Maßnahmen umgesetzt werden können, helfen die folgenden Normkapitel.

7 Unterstützung

7.1 Ressourcen

7 Unterstützung (DIN ISO 45001:2018) !

7.1 Ressourcen
Die Organisation muss die erforderlichen Ressourcen für den Aufbau, die Verwirklichung, die Aufrechterhaltung und die fortlaufende Verbesserung des SGA-Managementsystems bestimmen und bereitstellen.

Leitfrage: Welche Ressourcen sind für das SGAMS notwendig?

Zunächst muss analysiert werden, welche Ressourcen für den Aufbau, die anschließende Umsetzung, Aufrechterhaltung und die fortlaufende Verbesserung des Managementsystems notwendig sind. Dabei dürfen die notwendigen Ressourcen für den Aufbau des SGAMS nicht unterschätzt werden – und deren Bestimmung wird nicht einfach sein. Eine Übersicht z.B. in Form eines Projektplans SGAMS (siehe Abb. 60) wird helfen.

Mögliche erforderliche Ressourcen sind neben der Zeit, Infrastruktur, Arbeitsumgebung, Kompetenz, Bewusstsein für alle handelnden Personen, Information und Kommunikation nach innen und nach außen auch Dokumente, Materialien und finanzielle Mittel, ggf. auch für Beratungsleistungen von externen Stellen.

In Workshops mit Führungskräften, internen und externen Experten (Fachkräfte für Arbeitssicherheit, Betriebsärzte) und anderen Rollen des SGA (Sicherheitsbeauftragte, andere Beauftragte, ggf. Beschäftigte) müssen personelle, finanzielle, zeitliche und materielle Ressourcen ermittelt werden. Die Mindmap-Methode (vgl. Buzan und Buzan, 2013) kann genutzt werden, um sich dem Ressourcenbedarf anzunähern. Die zentrale Frage dabei könnte folgende sein: »Was ist notwendig für den Aufbau eines SGAMS?«. Dabei darf nicht vergessen werden, dass auch nach dem Aufbau des SGAMS Ressourcen für die Aufrechterhaltung, Weiterentwicklung und Verbesserungen des SGAMS bereitgestellt werden müssen. Dasselbe gilt für die Umsetzung von notwendigen Maßnahmen (siehe 6.1.4 und 8.1.2), um die SGA-Leistung zu verbessern.

Abb. 59: Mindmap zum Ressourcenplanung für das SGAMS

Für die jeweiligen »Äste« oder »Unteräste« der Mindmap müssen verantwortliche Personen definiert werden (z. B. Fachkraft für Arbeitssicherheit oder Assistenz des Managementbeauftragten). Die jeweiligen Personen sollten sich selbst wiederum intensivere Gedanken über ihre notwendigen Ressourcen machen. Mit einer kleineren Gruppe können die Erkenntnisse diskutiert und spezifiziert werden. Die Delphimethode (vgl. Ammon, 2009) kann dabei helfen: Auch anderen Fachleuten wird die Aufstellung weitergereicht. Nachdem viele kompetente Personen ihre Perspektiven, Notwendigkeiten und Ideen eingebracht haben, müssen die Verantwortlichen des SGAMS, also die oberste Leitung mit dem SGAMS-Managementbeauftragten die approximierten personellen, finanziellen, zeitlichen und materiellen Ressourcen bestimmen. Eine Auflistung in Form einer Tabelle kann dafür hilfreich sein (siehe Abb. 22 »Ressourcenbestimmung«).

Die einzelnen Arbeitspakete oder Schritte zum Aufbau eines SGAMS können in zeitlicher Reihenfolge in Form eines Projektablaufplans dargestellt werden

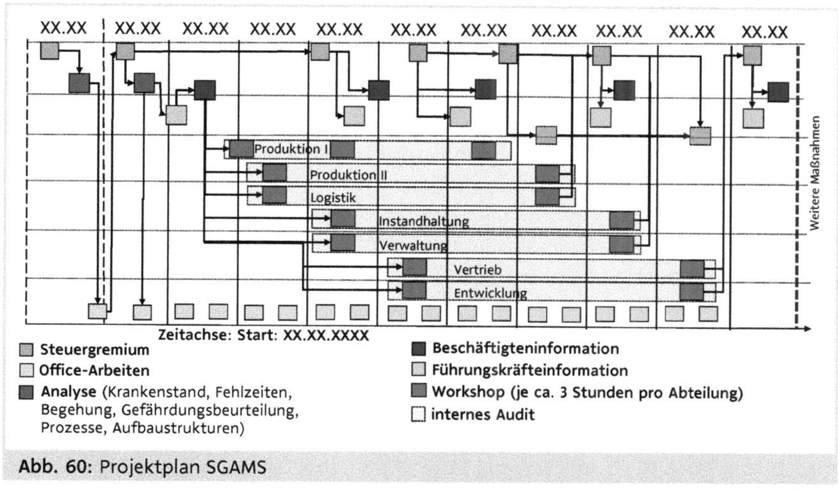

Abb. 60: Projektplan SGAMS

Wie oben beschrieben ist neben den Ressourcen Material, Infrastruktur, Arbeitsumgebung, finanzielle Mittel, Information und Kommunikation die wesentlichste Ressourcen die Zeit, gekoppelt mit Kompetenz. Zeit benötigt man zum Überlegen, Diskutieren, Erstellen, Informieren, Testen, Auditieren, Evaluieren und Dokumentieren von SGAMS-Bausteinen wie z. B. der Politik, den Zielen, Stellenbeschreibungen, Prozessbeschreibungen, Arbeitsanweisungen, Formblättern, u. v. m. Sind Kompetenzen nicht geeignet oder ausreichend vorhanden, wird oft viel Zeit investiert, ohne das gewünschte Ergebnis in Händen zu halten.

Auditfrage: Hat die Organisation die erforderlichen Ressourcen für den Aufbau, die Weiterentwicklung und die Verbesserung des SGAMS bestimmt und bereitgestellt?

Zusammenhänge mit anderen Normkapiteln

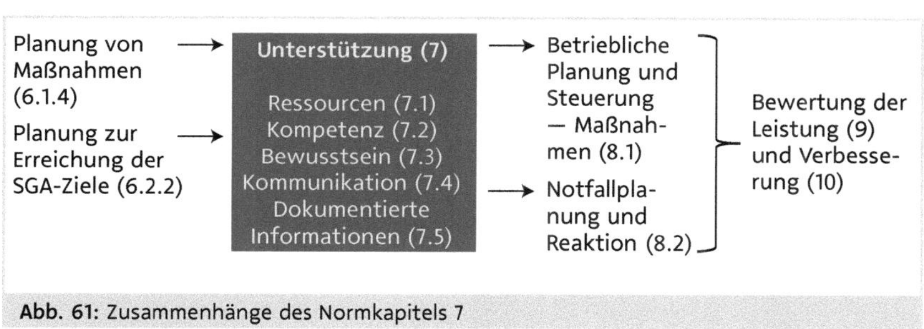

Abb. 61: Zusammenhänge des Normkapitels 7

7.2 Kompetenz

!

7.2 Kompetenz (DIN ISO 45001:2018)

Die Organisation muss:

a) die erforderliche Kompetenz von Beschäftigten bestimmen, die ihre SGA-Leistung beeinflussen oder beeinflussen kann;
b) sicherstellen, dass die Beschäftigten auf Grundlage angemessener Ausbildung, Schulung oder Erfahrung kompetent sind (einschließlich der Fähigkeit, Gefährdungen zu erkennen);
c) wenn erforderlich, Maßnahmen einleiten, um die benötigte Kompetenz zu erwerben und aufrechtzuerhalten, und die Wirksamkeit der getroffenen Maßnahmen bewerten;
d) angemessene dokumentierte Information als Nachweis der Kompetenz aufbewahren.

Leitfrage: Haben alle Beschäftigten die notwendigen Kompetenzen, um die SGA-Leistung zu erreichen?

Die Organisation hat zu bestimmen, welche Kompetenzen die Beschäftigten für die ihnen übertragenen Aufgaben benötigen. Dies gilt sowohl für den Kranführer oder den Sicherheits- und Gesundheitskoordinator auf Baustellen, den Agenten im Callcenter, den Sicherheitsbeauftragten, die Stationsleitung im Pflegeheim als auch für die Pflegehelferin oder die Hygienefachkraft.

Fehlt dem Inhaber einer (SGA-)Rolle – und dazu zählen alle Beschäftigten – die notwendige Kompetenz, muss das »Delta« (Unterschied zwischen Soll und Ist) bestimmt werden. Hier könnte zwischen vier verschiedenen Kompetenzen unterschieden werden (vgl. Erpenbeck, 2007, S. 52).

- personale Kompetenzen (Fähigkeit, reflexiv und selbstorganisiert zu handeln)
- fachlich-methodische Kompetenzen (Fähigkeit, mit fachlichen und instrumentellen Kenntnissen, Fertigkeiten und Fähigkeiten kreativ Probleme zu lösen)
- sozial-kommunikative Kompetenzen (Fähigkeit, mit anderen kreativ Probleme zu lösen, sich beziehungsorientiert positiv zu verhalten)
- Aktivitäts- und Umsetzungskompetenz (Fähigkeit, aktiv und selbstorganisiert zu handeln, dieses Handeln auf die Vorgaben zu richten – auch mit anderen zusammen – und die eigenen Emotionen und Kompetenzen so zu integrieren, dass positive Ergebnisse erzielt werden können)

Es ist notwendig die unterschiedlichen »Deltas« unterschiedlicher »Kompetenzklassen« zu bestimmen. Bezogen auf die Beispielbranchen Bau, Kommunikation und Pflege können dies folgende sein:

- Hat der Callcenter-Agent die Kompetenz, seine Stimme auch im Winter und bei langen Arbeitstagen so einzusetzen, dass die Stimmbänder nicht angegriffen werden (personale Kompetenz)?
- Hat der Facharbeiter am Bau die Kompetenz, das Gerüst sicherheitsgerecht aufzubauen (fachlich-methodische Kompetenz)?
- Ist die soziale Kompetenz ausreichend, mit Angehörigen von Bewohnern eines Pflegeheims auch in konfliktären Situationen eine geeignete Kommunikation zu finden (sozial-kommunikative Kompetenz)?
- Kann ein Managementbeauftragter eines SGAMS die Beschäftigten von der Notwendigkeit eines Prozessablaufs überzeugen (Aktivitäts- und Umsetzungskompetenz)?

Die Defizite von Kompetenzen und Kompetenzklassen können mit unterschiedlichen Methoden herausgefunden werden (vgl. Erpenbeck, 2007, S. 70):

- Gespräch, Interview
- Tests, Fragebögen
- Assessmentcenter
- Training on the Job

Liegt ein »Kompetenzdelta« vor, muss überlegt werden, welche Kompetenzentwicklung notwendig ist. Dabei lassen sich reines Wissen oder Fertigkeiten einfacher erlernen als soziale, kommunikative, rhetorische oder empathische Kompetenz. Nach dem Kompetenzerwerb ist immer die Wirksamkeit direkt nach der Maßnahme und später, bei der Umsetzung der Kompetenz im SGAMS, zu prüfen. Kompetenzen können über die Zeit auch verloren gehen, v. a. wenn sie nicht regelmäßig angewendet werden. Nicht vergessen werden darf das aufgrund der rechtlichen Verpflichtungen geforderte »Aufrechterhalten der erforderlichen Kompetenz« (z. B. wiederholte Übungen im Brandschutz, Trainings im Umgang mit PAS bei Absturz insb. die (Selbst-)Rettung, Unterweisungen und regelmäßige Schulungen von Ersthelfern oder Fachkräften für Arbeitssicherheit).

Eine Dokumentation über Analyse, Entwicklung und Wirksamkeitsprüfung ist im Managementsystem als dokumentierter Nachweis vorzuhalten.

Wie der Prozess »Kompetenz« aussehen kann, ersieht man aus der folgenden Abbildung.

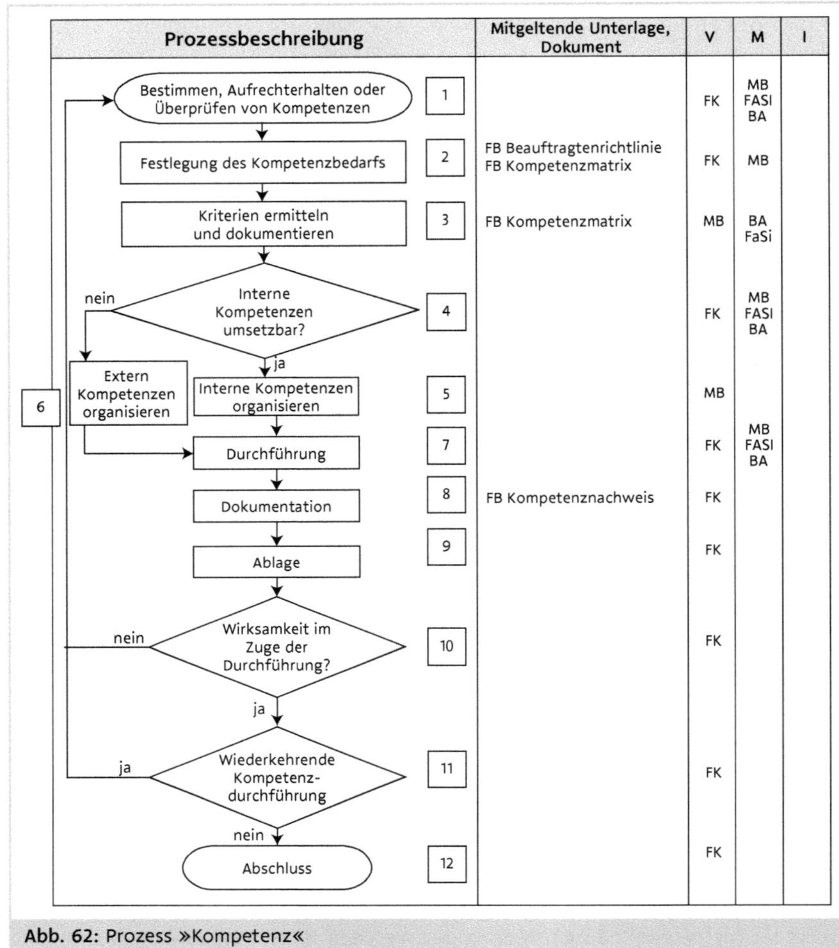

Abb. 62: Prozess »Kompetenz«

Notwendige, regelmäßig erforderliche, aber auch andere Kompetenzen können in einer Kompetenzmatrix abgebildet werden. So erhält man einen Überblick über notwendige Schulungen und vorliegende Kompetenzen. Siehe auch Abb. 35 »Kompetenzmatrix«.

Auditfragen

- Hat die Organisation die erforderliche Kompetenz von Beschäftigten bestimmt und abgeglichen?
- Hat die Organisation den notwendigen Kompetenzerwerb eingeleitet, die Wirksamkeit bzgl. des Erwerbs überprüft und einen Nachweis darüber erstellt?

Zusammenhänge mit anderen Normkapiteln
Den Zusammenhang von Tätigkeit, Anforderungen und Risiken, aber auch Chancen mit Kompetenzermittlung, -analyse, -entwicklung und -bewertung inkl. -wirksamkeit und weiteren Notwendigkeiten kann man der folgenden Abbildung entnehmen.

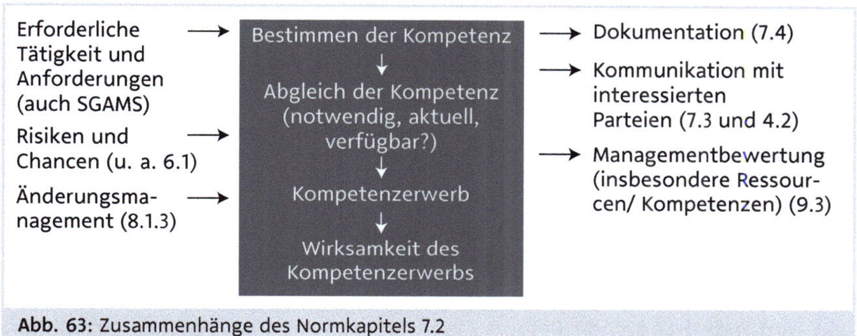

Abb. 63: Zusammenhänge des Normkapitels 7.2

7.3 Bewusstsein

7.3 Bewusstsein (DIN ISO 45001:2018)

!

Beschäftigten muss bewusstgemacht werden:

a) die SGA-Politik und die SGA-Ziele;
b) ihr Beitrag zur Wirksamkeit des SGA-Managementsystems, einschließlich der Vorteile einer verbesserten SGA-Leistung;
c) die Folgen und möglichen Auswirkungen einer Nichterfüllung der Anforderungen des SGA-Managementsystems;
d) Vorfälle und Untersuchungsergebnisse, die für sie relevant sind;
e) Gefährdungen, SGA-Risiken und Maßnahmen, die bestimmt wurden und für sie relevant sind;
f) die Befugnis sich aus Arbeitssituationen zurückzuziehen, die sie als eine unmittelbare und ernste Gefahr für ihr Leben oder ihre Gesundheit einschätzen, sowie die Vereinbarungen zu ihrem Schutz vor unzulässigen Konsequenzen, wenn sie so handeln.

Leitfrage: Haben Beschäftigte das Bewusstsein, sich sicher, gesund und managementsystemkonform zu verhalten?

Es geht um das Bewusstsein jedes Einzelnen, sich sicher, gesund und managementsystemkonform zu verhalten.

Bewusstsein (vgl. Metzinger, 2005, S.36) hat unterschiedliche Bedeutungen und Dimensionen. Die in der vorliegenden Normanforderung ausgeprägte Bedeutung wird von folgenden Aspekten gespeist:

- deutliches Wissen von etwas, hier von SGA, bezogen auf die Organisation zu haben
- Gewissheit und geistige Klarheit über dieses Wissen und die Zusammenhänge in der Organisation zu besitzen
- sich dadurch über sein Handeln, Nicht- oder Fehl-Handeln und dessen Auswirkungen auf die Außenwelt und auf sich selbst klar sein
- von etwas überzeugt sein und deshalb etwas bewusst vertreten wollen und können

Das Thema Bewusstsein ist sicherlich »bewusst« im Anschluss an die Ausführungen zu Kompetenz platziert, denn ohne (handlungsorientiertes) Wissen ist keine Bildung von Bewusstsein möglich. Das Wissen muss gefestigt sein und jede handelnde Person (auch Fremdfirmen und Zeitarbeitnehmer) im SGAMS muss Klarheit und Gewissheit besitzen, um mit Überzeugung die richtigen Handlungen (das gesunde und sichere Verhalten) für das SGAMS zu zeigen – denn ein funktionierendes SGAMS lebt von den handelnden Menschen. Die SGA-Leistung kann durch geeignete Maßnahmen, aber auch durch sicheres, gesundes und managementkonformes Verhalten der Beschäftigten erhöht werden.

Dazu müssen den Beschäftigten die SGA-Politik, -Ziele, -Risiken, -Chancen und die damit verbundenen Maßnahmen bekannt sein. Sie müssen wissen, wie sich ein konstruktiver, aber auch ein nichtkonstruktiver Beitrag ihrerseits auf die Wirksamkeit des SGAMS auswirken kann. Die Hintergründe von Erkrankungen bei der Arbeit, von Unfällen, Beinahe-Unfällen und Beschwerden, aber auch von Notfällen (wie z.B. Erste-Hilfe-Leistungen oder Explosionen/Brände) müssen bekannt sein. Die regelmäßige Unterweisung hilft dabei.

Außerdem müssen die Beschäftigten sensibel und kompetent sein, um auf Gefahrensituationen adäquat reagieren zu können. Hier kann eine Kurzunterweisung vor Ort hilfreich sein. An einer risikoreichen Situation könnte zum Beispiel die Gefährdung gemeinsam mit den Beschäftigten analysiert und beurteilt und anschließend Maßnahmen überlegt werden. Je mehr Praxis in die Wissensvermittlung integriert wird, je mehr diskutiert wird und die Meinung und die Ideen der Beschäftigten mit einbezogen werden (siehe auch 5.4), desto besser ist die Behaltensleistung als Vorstufe der Bewusstseinsbildung.

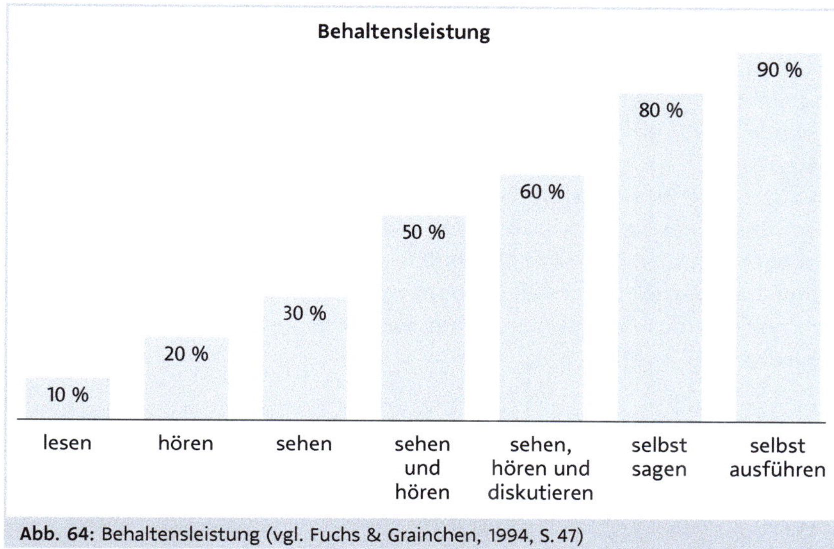

Abb. 64: Behaltensleistung (vgl. Fuchs & Grainchen, 1994, S. 47)

Wird man selbst aktiv, erarbeitet man sich selbst bestimmte Themen und spricht man mit anderen über das eigene Bewusstsein zu diesen Themen, ist die Behaltensleistung und in der Folge die Bewusstseinsbildung am ausgeprägtesten. Ein öffentliches Commitment von Beschäftigten ist stark bewusstseinsprägend.

Commitment durch Unterschrift !

In einer Organisation fand ein Tag für Sicherheit und Gesundheit statt, an dem man sich an verschiedenen Stationen zu den Themen Stress, Heben und Tragen, Schutz an Maschinen und PSA interaktiv informieren konnte. Im Anschluss daran hat ein Großteil der Beschäftigen an einer großen Wand ihr Commitment zu SGA durch ihre Unterschrift ausgedrückt: »Zur Sicherheit und Gesundheit bei der Arbeit liefere ich meinen Beitrag« war die Überschrift einer zwei Meter hohen und fünf Meter breiten Wand.

Bewusstsein bildet und erhält sich in einer Umgebung von konsistentem Verhalten, Aktionen und Umgebungsbedingungen am besten – und »bröckelt« bei inkonsistenten Bedingungen.

Insbesondere die oberste Leitung ist nicht nur gefordert, die SGA-Politik und SGA-Ziele passend zur Strategie zu entwickeln und zu veröffentlichen, sondern sich an ihr zu orientieren und sich konsistent zu verhalten. Das eigene kommunizierte SGA-Bewusstsein in sicherheits- und gesundheitsbewusstem Verhalten zu zeigen und dazu passende Entscheidungen zu treffen, trägt zur weiteren Bewusstseinsbildung und -stärkung bei allen Beteiligten, insbesondere den Beschäftigten, bei. Kurz gesagt: Die oberste Leitung soll SGA-konform das SGAMS »leben«. Was für die oberste Leitung gilt, gilt auch für nachfolgende Führungskräfte und Beauftragte (siehe auch 5.1). Nur so kann jeder Beschäftigte, Leiharbeitnehmer und auch Fremdfirmenbeschäftigte dieses Bewusstsein erkennen, erwerben, entwickeln, stärken und erhalten. Gesundes und sicheres Verhalten von allen in der Organisation aktiven Personen, aber auch von allen interessierten Parteien (z. B. Beschäftigte anderer Organisation auf Baustellen, Kunden in Shops oder Angehörige der zu Pflegenden) ist eine Folge des Bewusstseins, aber auch eine weitere Unterstützung des Bewusstseins.

Gesunde und sichere Verhältnisse – insbesondere in der eigenen Organisation – unterstützen das Bewusstsein und Verhalten. Der Einzelne sieht die Konsistenz zwischen dem, was für ihn gut ist, was die oberste Leitung fordert und was von der Organisation in Form von Rahmenbedingungen unterstützt wird.

!

Einige Beispiele aus der Praxis

- Einwandfrei funktionierende Gerüstfixierungen und ausreichend zur Verfügung stehende Sicherungssysteme unterstützen das sicherheitsgerechte Aufbauen von Gerüsten. Da die Führungskraft das Gerüst prüft, wird auch genügend Zeit zum Aufbau zur Verfügung gestellt.
- Hygienische, saubere Sozial- und Arbeitsräume unterstützen auch die Sauberkeit an den Arbeitsplätzen der Agenten im Callcenter, die von mehreren Beschäftigten im Schichtdienst genutzt werden. Dadurch, dass ausreichend Sozialräume zur Verfügung stehen, muss bzw. darf am Arbeitsplatz nicht mehr gegessen werden.
- Gut funktionierende und in der Nähe zur Verfügung stehende Hebehilfen werden aufgrund des gebildeten Bewusstseins gerne benutzt, um die eigene Gesundheit zu schützen. Bei Kontrollen wird das Nutzen von Hebehilfen explizit geprüft.

Neben den technischen Verhältnissen unterstützen wie oben erwähnt aber auch organisatorische Rahmenbedingungen (Zeit, flüssige Kommunikationsprozesse oder andere Regelungen wie z. B. über Arbeitszeit oder Kundenbeschwerden) die Bewusstseinsbildung und das präsentierte Verhalten.

Stark unterstützend für das bestehende Bewusstsein wirkt das ständige, durchaus niedrigschwellige »Aktuell-Halten« des Themas SGA z. B. durch Reportagen in Beschäftigtenzeitungen oder auf der eigenen Homepage, in Tageszeitungen, Newslettern oder in Teambesprechungen. Jeder nimmt so regelmäßig das Thema und den Wert von SGA wahr.

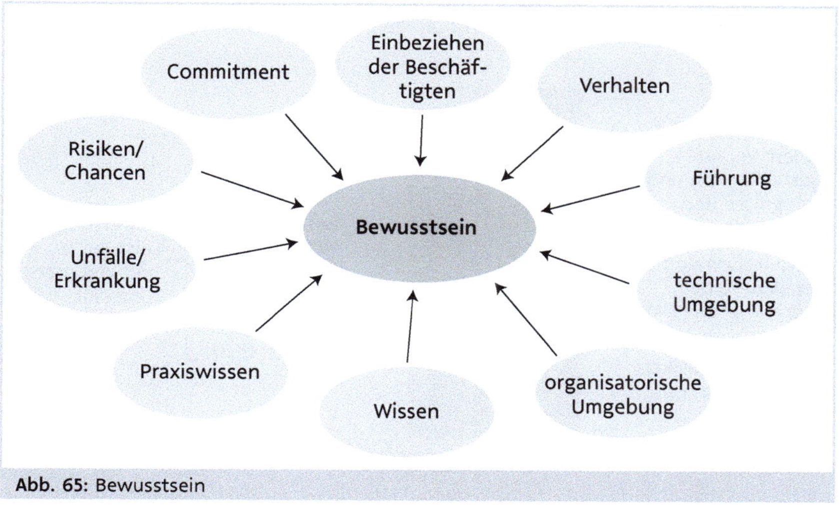

Abb. 65: Bewusstsein

Bewusstsein wird durch unterschiedliche Einflüsse, Kriterien, Aktivitäten – teilweise auch interaktiv – entwickelt und gestärkt. Bewusstsein ist die Grundlage für sicheres und gesundheitsgerechtes Verhalten und ist ein wesentlicher Baustein der SGA-Kultur (siehe auch 5.1). Kommunikation unterstützt das Bewusstsein und die Bewusstseinsbildung.

Auditfragen

- Sind den Beschäftigten die SGA-Politik, die SGA-Ziele, SGA-Risiken und deren Maßnahmen, die Rückzugsmöglichkeit bei ernster Gefahr und Vorfälle und deren Untersuchungsergebnisse bewusst gemacht worden?
- Haben Beschäftigte ein Bewusstsein dafür, welchen Beitrag sie zur Wirksamkeit das SGAMS leisten können und mit welchen Folgen sie bei Nichterfüllung der Anforderungen an das SGAMS zur rechnen haben?

Zusammenhänge mit anderen Normkapiteln

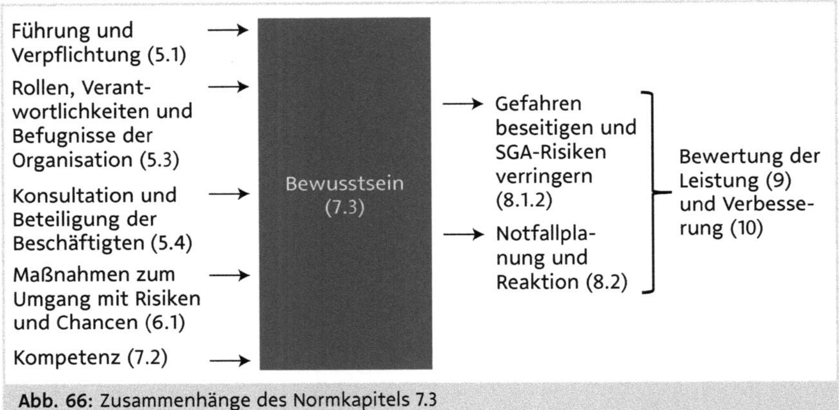

Abb. 66: Zusammenhänge des Normkapitels 7.3

7.4 Kommunikation

7.4.1 Allgemeines

!

7.4 Kommunikation (DIN ISO 45001:2018)

7.4.1 Allgemeines

Die Organisation muss die notwendigen Prozesse für die interne und externe Kommunikation in Bezug auf das SGA-Managementsystem festlegen, umsetzen und aufrechterhalten, einschließlich der Festlegung:

a) worüber;
b) wann;
c) mit wem:
   1. intern zwischen den verschiedenen Ebenen und Funktionen der Organisation;
   2. von Auftragnehmern sowie Besuchern des Arbeitsplatzes;
   3. von anderen interessierten Parteien;
d) wie

kommuniziert wird.

Die Organisation muss bei der Berücksichtigung ihres Kommunikationsbedarfs Diversitätsaspekten (beispielsweise Geschlecht, Sprache, Kultur, Lese- und Schreibfähigkeit, Behinderung) Rechnung tragen.

Die Organisation muss sicherstellen, dass die Ansichten von externen interessierten Parteien bei dem Festlegen ihrer Kommunikationsprozesse berücksichtigt werden.

Wenn die Organisation ihre Kommunikationsprozesse festlegt, muss sie:

- ihren rechtlichen Verpflichtungen und anderen Anforderungen Rechnung tragen;

- sicherstellen, dass die zu kommunizierenden SGA-Informationen mit den Informationen übereinstimmen, die innerhalb des SGA-Managementsystems erzeugt werden, und dass diese verlässlich sind.

Die Organisation muss auf relevante Äußerungen bezogen auf ihr SGA-Managementsystem reagieren.
Die Organisation muss, soweit angemessen, dokumentierte Information als Nachweis für ihre Kommunikation aufbewahren.

7.4.2 Interne Kommunikation

7.4.2 Interne Kommunikation (DIN ISO 45001:2018)

!

Die Organisation muss:

a) für das SGA-Managementsystem relevante Informationen, einschließlich Änderungen des SGA-Managementsystems, soweit angemessen intern zwischen den verschiedenen Ebenen und Funktionen der Organisation kommunizieren;
b) sicherstellen, dass ihre Kommunikationsprozesse es den Beschäftigten ermöglichen, zur fortlaufenden Verbesserung beizutragen.

7.4.3 Externe Kommunikation

7.4.3 Externe Kommunikation (DIN ISO 45001:2018)

!

Die Organisation muss für das SGA-Managementsystem relevante Informationen extern kommunizieren, wie durch die Kommunikationsprozesse der Organisation festgelegt, und wobei ihren rechtlichen Verpflichtungen und anderen Anforderungen Rechnung zu tragen ist.

Leitfrage: Wie ist der Kommunikationsprozess gestaltet, auch hinsichtlich interner und externer Kommunikation?

Ein Managementsystem kann nur dann aufgebaut, verwirklicht und weiterentwickelt werden, wenn über die wesentlichen Bausteine (Strukturen, Prozesse, Formblätter, Politik und Ziele) informiert und kommuniziert wird, Es geht darum, Vorgaben des SGAMS umzusetzen, Kompetenz zu schulen, Bewusstsein zu fördern und Vorfälle und Nichtkonformitäten zu analysieren und Verbesserungen einzuleiten. In allen Normkapiteln ab Kap. 5 wird Kommunikation in unterschiedlicher Form spezifisch angesprochen und gefordert:

- SGA-Politik **vermitteln** (5.2)
- Rollen, Verantwortlichkeiten und Befugnisse **bekannt machen** (5.3)

- Konsultation und Beteiligung von Beschäftigten und – als Grundlage dazu – rechtzeitig **informieren** bzw. Zugang zu Informationen ermöglichen (5.4)
- über Gefährdungen **informieren** (6.1)
- über rechtliche Verpflichtungen **informieren** (6.1.3)
- SGA-Ziele **vermitteln** (6.2.1)
- **Kompetenz bestimmen durch Austausch** (7.2)
- **Bewusstsein stärken** (7.3)
- dokumentierte Informationen verteilen (7.5)
- an Arbeitsplätzen mit mehreren Arbeitgebern und Auftragnehmern **koordinieren** (8.1.1 und 8.1.4.2)
- Gefahr zu beseitigen und SGA-Risiken zu minimieren **schulen** (8.1.2)
- Notfallplanung und Reaktion darauf **schulen** (8.2)
- Ergebnisse der Überwachung **kommunizieren** (9.1.1)
- über interne Audits **Bericht erstatten** (9.2.2)
- über Managementbewertung **kommunizieren** (9.3)
- **Vorfälle untersuchen** (10.2)
- relevante Ergebnisse für fortlaufende Verbesserung **vermitteln** (10.3)

Die Arten der Kommunikation sind also:

- informieren, bekannt machen, vermitteln
- Bericht erstatten
- schulen
- Bewusstsein stärken
- Kompetenz oder Vorfall untersuchen
- austauschen
- koordinieren

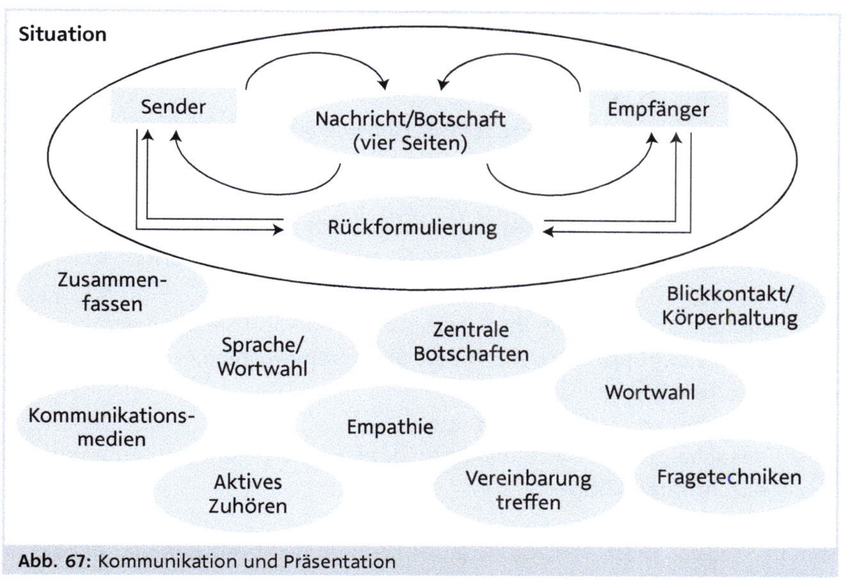

Abb. 67: Kommunikation und Präsentation

In jeder Kommunikation besteht eine Sender-Empfänger-Beziehung, bei der der Sender eine Botschaft mittels verbaler (Sprache), nonverbaler (z. B. Mimik, Gestik, Tonfall) sowie paranonverbaler (z. B. Äußerungen wie »ah ja«, »hm«) Anteile übermittelt. Diese Botschaft wird vom Empfänger aufgrund seiner Wahrnehmungen und Vorerfahrungen entschlüsselt. Bei dem Prozess der Verschlüsselung enthält jede Nachricht – sowohl auf Sender- als auch auf Empfängerseite – vier Aspekte: den Sachinhalt, den Appellaspekt bzw. die Aufforderung an das Gegenüber, den Beziehungsaspekt und den Selbstoffenbarungsaspekt des Senders. Dabei gibt der Sachinhalt Auskunft über die Dinge und Vorgänge, über die der Sender den Empfänger informieren will. Der Appellaspekt beinhaltet Informationen darüber, was der Sender mit dieser Nachricht beim Empfänger erreichen möchte. Die dritte Seite, der Beziehungsaspekt, gibt Hinweise auf die Beziehung zwischen dem Sender und dem Empfänger. Zuletzt enthält die Selbstoffenbarungsebene Aspekte über den Sender einer Nachricht, wie über seine Persönlichkeit oder sein aktuelles Befinden. Diese einzelnen Aspekte einer Nachricht werden je nach Absicht des Senders unterschiedlich gewichtet und betont. Dadurch wird die Nachricht durch den Sender kodiert. Deshalb kann beispielsweise die Nachricht »Auf Baustellen muss man den Helm als PSA tragen« in unterschiedlichen Situationen zu verschiedenen Interpretationen führen. Ist der Beschäftigte gestern erst abgemahnt (Situation Abmahnung) worden, wird dieser Kurzsatz mit einer lauteren Stimme gesprochen als in einer Situation, in der Besuchern (Situation Besuchergruppe) die Notwendigkeit des Nutzens von Helmen auf

Baustellen erklärt wird. Aufgrund der vier Seiten einer Nachricht ergeben sich folgende unterschiedliche Botschaften:

- Sachinhalt:
  - Abmahnung: »Nun weise ich Sie zum wiederholten Male darauf hin.«
  - Besuchergruppe: »Der Helm muss als Schutz getragen werden.«
- Appell:
  - Abmahnung: »Halten Sie sich jetzt endlich an die Vorgaben.«
  - Besuchergruppe: »Die Nutzung des Helmes ist obligatorisch.«
- Beziehung:
  - Abmahnung: »Ich bin Ihr Vorgesetzter und kann Sie kündigen.«
  - Besuchergruppe: »Ich bin für Sie alle verantwortlich.«
- Selbstoffenbarung:
  - Abmahnung: »Mir reicht es jetzt.«
  - Besuchergruppe: »Ich möchte, dass wir die Führung unbeschadet durchführen können.«

Stimmen jedoch diese vier Aspekte des Senders nicht mit den vier Aspekten des Empfängers überein, kann der ganze Kommunikationsprozess leiden und die Beziehung gestört werden. Folglich kann es zu Aktionismus, Frustration oder anderen Kommunikationsstörungen bei den Gesprächspartnern kommen. Um dem entgegenzuwirken, ist es notwendig, den Empfänger zu bitten, die Nachricht so, wie er sich verstanden hat, noch einmal zu formuliern (Rückformulierung) (vgl. Schulz von Thun, 1981, S. 37, Abb. 67 »Kommunikation und Präsentation«).

Bei Schulungen, Bewusstseinsbildung, Kompetenzvermittlung, Konsultation und Beteiligung von Beschäftigten, Risiken-, Vorfall- oder Nichtkonformitätsanalysen, Austausch oder Koordination ist die Zwei-Wege-Kommunikation notwendig: Empfänger werden zu Sendern und nicht nur das Rückformulieren von Nachrichten und Botschaften ist wichtig, damit Verständnis in allen vier Seiten der Nachricht erreicht wird. Auch ist es notwendig, unterschiedliche Fragetechniken (siehe unten) anzuwenden, um die Ursachen zu analysieren. Ferner sollte Empathie (Verständnis) gezeigt werden, um noch weitere Informationen oder Vorschläge zu erlangen und so das Bewusstsein zu stärken. Dies wird durch aktives Zuhören unterstützt. Weitere Botschaften (nicht nur Nachrichten) werden formuliert, um das Verständnis zu verifizieren, Vorschläge zu unterbreiten oder diese einzufordern. Zusammenfassend werden Vereinbarungen getroffen, die ein SGAMS-konformes Verhalten unterstützen und Verbesserungen und Lösungen darstellen (siehe auch 7.3).

Folgende Gesprächstechniken helfen bei der Zwei-Wege-Kommunikation:

- Fragetechniken (offene Fragen, geschlossene Fragen, Alternativfragen, in Ausnahmefällen Suggestivfragen)
- aktives Zuhören
- Empathie zeigen
- rückformulieren

Im Gegensatz dazu ist es bei Kommunikation, die nur in eine Richtung geht, wie das Informieren, Vermitteln, Bekanntmachen und Berichterstatten, notwendig, über die entsprechenden Themen und die jeweilige Zielgruppe Informationen zu besitzen. Nur so kann eine geeignete Kommunikation bzw. Präsentation erstellt werden.

Folgende Aspekte sind hier zu beachten:

- Kommunikations- und Informationsmedium (face-to-face, telefonisch, elektronisch, schriftlich (Papier und Stift), Video- oder Telefonkonferenz)
- Sprache (Muttersprache)
- Wortwahl (einfache Wortwahl vs. Fremdwörter)
- Aspekte unterschiedlicher Sinneskanäle (sehen, hören, erleben)
- Umfang und Detaillierungsgrad der Kommunikation (kurz, klar und ausreichend im Detaillierungsgrad, strukturiert, Konzentration auf das Wesentliche)
- an die Zielgruppe angepasster Informationsumfang (Konzentrationszeit der Zuhörer beachten)
- Zuwendung zu den Zuhörern
- Ergebnissicherung (Vereinbarung über die Richtigkeit von Protokollen, Dokumentation, Lenkung der Dokumentationen)

Generell muss für die externe und interne Kommunikation ein Prozess festgelegt werden, um bei Kommunikationsbedarfen mit unterschiedlichen Zielgruppen (Beschäftigte, Führungskräfte, Experten, externe Parteien) jeweils passend zu kommunizieren. Nachdem der Kommunikationsbedarf ermittelt, Thema und Häufigkeit festgelegt wurden, gilt es, mit den oben geschilderten Kommunikationsformen und -methoden zielgruppenspezifisch die Kommunikationsinhalte aufzuarbeiten und zu übermitteln.

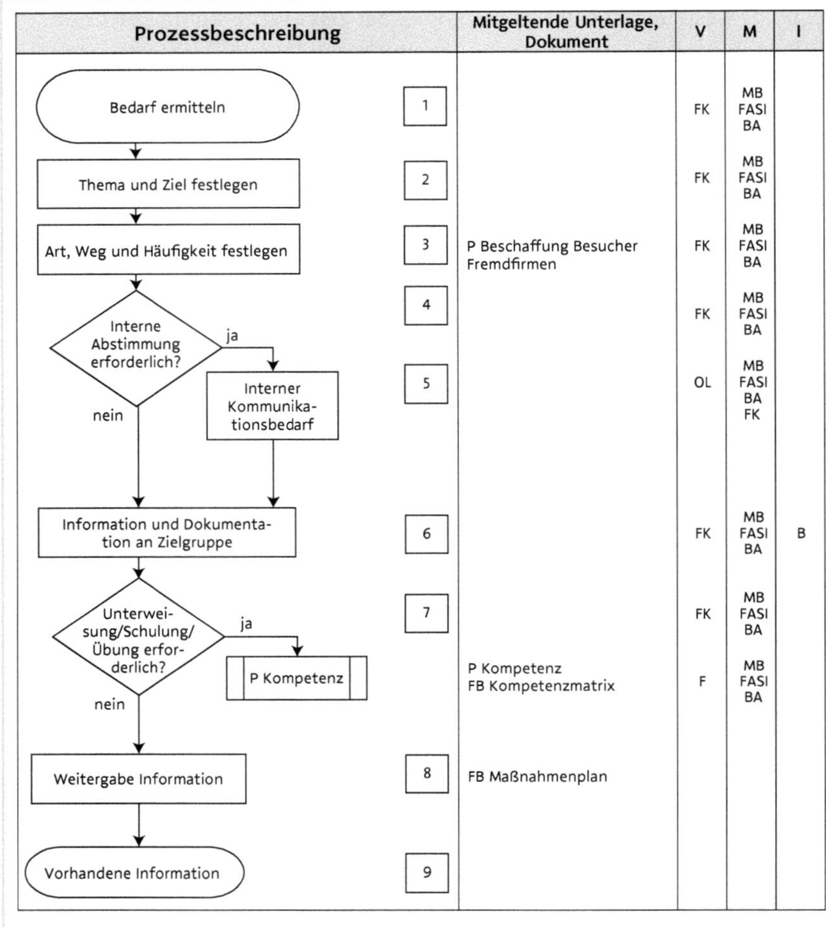

Nr.	Prozessbeschreibung	Mitgeltende Unterlage, Dokument	V	M	I
1	Bedarf ermitteln		FK	MB FASI BA	
2	Thema und Ziel festlegen		FK	MB FASI BA	
3	Art, Weg und Häufigkeit festlegen	P Beschaffung Besucher Fremdfirmen	FK	MB FASI BA	
4	Interne Abstimmung erforderlich? (ja / nein)		FK	MB FASI BA	
5	Interner Kommunikationsbedarf		OL	MB FASI BA FK	
6	Information und Dokumentation an Zielgruppe		FK	MB FASI BA	B
7	Unterweisung/Schulung/Übung erforderlich? (ja / nein)		FK	MB FASI BA	
	P Kompetenz	P Kompetenz FB Kompetenzmatrix	F	MB FASI BA	
8	Weitergabe Information	FB Maßnahmenplan			
9	Vorhandene Information				

Abb. 68: Prozess der internen und externen Kommunikation

Wählt man einen Prozess für interne und externe Kommunikation, müssen unterschiedliche Hierarchie- und Funktionsebenen, interne und externe Parteien mit einbezogen werden. Des Weiteren müssen die unterschiedlichen Informationsstände der internen und externen Parteien berücksichtigt werden inklusive der Kriterien Sprache, Kultur, Lese- und Schreibfähigkeit, Ansichten, Werte, rechtliche Verpflichtungen und andere Anforderungen. Außerdem muss der Inhalt der Kommunikation im Einklang mit den Informationen und Änderungen des SGMAS stehen. Ebenso muss gewährleistet sein, dass der Kommunikationsprozess den Beschäftigten eine fortlaufende Verbesserung des SGAMS ermöglicht.

Auditfragen

- Hat die Organisation die notwendigen Prozesse für die interne und externe Kommunikation in Bezug auf das SGAMS aufgebaut, verwirklicht und aufrechterhalten, einschließlich der Bestimmung worüber, wann, mit wem, wie kommuniziert wurde?
- Hat die Organisation bei der Berücksichtigung ihres Kommunikationsbedarfs den Diversitätsaspekten Rechnung getragen?
- Hat die Organisation die Ansichten von externen interessierten Parteien bei ihren Kommunikationsprozessen berücksichtigt?
- Hat die Organisation bei ihren Kommunikationsprozessen ihren rechtlichen Verpflichtungen und anderen Anforderungen Rechnung getragen und die Passung von Informationen sichergestellt?
- Hat die Organisation bezogen auf ihr SGAMS hinsichtlich relevanter Äußerungen reagiert?
- Hat die Organisation dokumentierte Information als Nachweis für ihre Kommunikation aufbewahrt?
- Hat die Organisation für das SGAMS relevante Informationen und auch Änderungen des SGAMS zwischen den verschiedenen Ebenen und Funktionsbereichen der Organisation kommuniziert?
- Ermöglichen die Kommunikationsprozesse den Beschäftigten, zur fortlaufenden Verbesserung beizutragen?
- Hat die Organisation Prozesse für externe Kommunikation festgelegt, verwirklicht und aufrechterhalten?
- Hat die Organisation dabei den rechtlichen Verpflichtungen und anderen Anforderungen Rechnung getragen?

Zusammenhänge mit anderen Normkapiteln

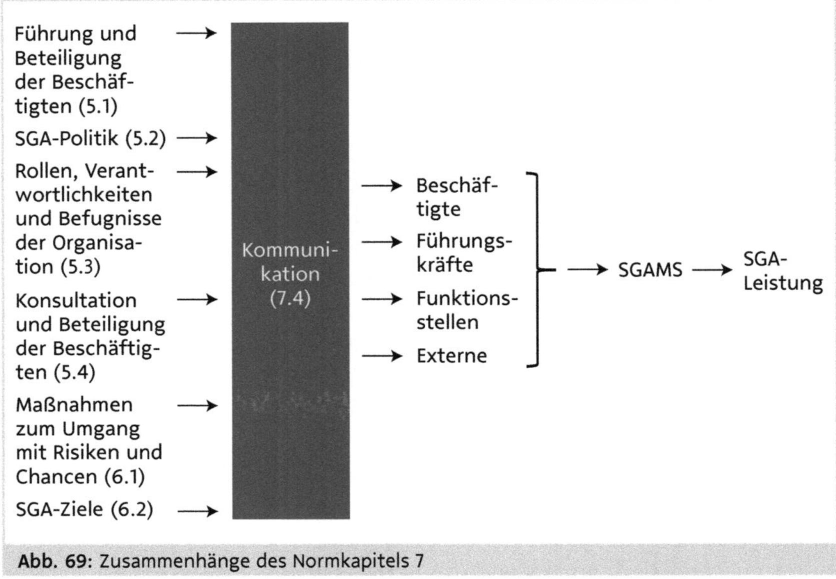

Abb. 69: Zusammenhänge des Normkapitels 7

7.5 Dokumentierte Information

7.5.1 Allgemeines

! **7.5 Dokumentierte Information (DIN ISO 45001:2018)**

7.5.1 Allgemeines

Das SGA-Managementsystem der Organisation muss enthalten:

a) die von diesem Dokument geforderte dokumentierte Information;
b) dokumentierte Information, welche die Organisation als notwendig für die Wirksamkeit des SGA-Managementsystems bestimmt hat;

7.5.2 Erstellen und Aktualisieren

! **7.5.2 Erstellen und Aktualisieren (DIN ISO 45001:2018)**

Beim Erstellen und Aktualisieren dokumentierter Information muss die Organisation angemessene(s):

a) Kennzeichnung und Beschreibung (beispielsweise Titel, Datum, Autor oder Referenznummer);

b) Format (beispielsweise Sprache, Softwareversion, Graphiken) und Medium (beispielsweise Papier, elektronisch);
c) Überprüfung und Genehmigung im Hinblick auf Eignung und Angemessenheit

sicherstellen.

7.5.3 Lenkung dokumentierter Information

!

7.5.3 Lenkung dokumentierter Information (DIN ISO 45001:2018)

Die für das SGA-Managementsystem erforderliche und von diesem Dokument geforderte dokumentierte Information muss gelenkt werden, um sicherzustellen, dass sie:

a) verfügbar und für die Verwendung geeignet ist, wo und wann sie benötigt wird;
b) angemessen geschützt wird (beispielsweise vor Verlust der Vertraulichkeit, unsachgemäßem Gebrauch oder Verlust der Integrität).

Zur Lenkung dokumentierter Information muss die Organisation, falls zutreffend, folgende Tätigkeiten berücksichtigen:

- Verteilung, Zugriff, Auffindung und Verwendung;
- Ablage/Speicherung und Erhaltung, einschließlich Erhaltung der Lesbarkeit;
- Überwachung von Änderungen (beispielsweise Versionskontrolle);
- Aufbewahrung und Verfügung über den weiteren Verbleib.

Dokumentierte Information externer Herkunft, die von der Organisation als notwendig für Planung und Betrieb des SGA-Managementsystems bestimmt wurde, muss, soweit angemessen, gekennzeichnet und muss gelenkt werden.

Leitfrage: Werden die für das SGAMS notwendigen dokumentierten Informationen gelenkt, geschützt und haben diese ein angemessenes Format?

Von der Norm werden kein Managementhandbuch oder dokumentierte Verfahren gefordert. Die notwendigen Dokumente aus dieser Norm sind in der folgenden Abb. 70 dargestellt:

!

Von der Norm geforderte Dokumente

- Anwendungsbereich des SGA-Managementsystems (4.3)
- SGA-Politik (5.2)
- Rollen, Verantwortlichkeiten und Befugnisse in der Organisation (5.3)
- (SGA-)Risiken und (SGA-)Chancen (6.1.2)
- Prozess zum Ermitteln von (SGA-)Risiken und (SGA-)Chancen (6.1.2)
- Maßnahmenplanung zu (SGA-)Risiken und (SGA-)Chancen (6.1.4)
- Bewertungen von (SGA-)Risiken und (SGA-)Chancen (6.1.2)

- Informationen zu den für die Organisation geltenden rechtlichen Bestimmungen und anderen Anforderungen (6.1.3)
- SGA-Ziele und Planung, diese zu erreichen (6.2)
- Nachweise von Kompetenzen (7.2)
- Nachweise der Kommunikation (7.4)
- Information zur betrieblichen Planung und Steuerung (8.1)
- Information zur Notfallplanung und -reaktion (8.2)
- Überwachung, Messung, Analyse und Leistungsbewertung (9.1)
- Bewertung der Einhaltung von rechtlichen Verpflichtungen und anderen Anforderungen (9.1.2)
- Ergebnisse und Berichte interner Audits (9.2)
- Managementbewertung (9.3)
- Nachweise von Vorfällen, Nichtkonformitäten und Korrekturmaßnahmen (10.2)
- Maßnahmen zu Vorfällen, Nichtkonformitäten und Korrekturmaßnahmen (10.2)
- fortlaufende Verbesserung des SGA-Managements (10.3)

Abb. 70: Die von der Norm geforderten Dokumente

Darüber hinaus können weitere, für das jeweilige SGAMS notwendige Dokumente erstellt werden, die das SGAMS in seiner Effektivität und Effizienz unterstützen. Sinnvoll erscheint es, die in Abb. 13 »Notwendige Prozesse nach DIN ISO 45001« genannten Prozesse und weitere für die Prozesse zentrale Formblätter wie z. B. Kompetenzmatrix oder ähnliche Dokumente als dokumentierte Information bereitzuhalten.

Insbesondere die Organisationsgröße, die Risiken der Organisation und die Verbesserung der SGA-Leistung bestimmt, wie viele und welche Dokumente notwendig sind. Eine Integration von Dokumenten ist oftmals sinnvoll (siehe Prozess »Gefährdungsbeurteilung und Beurteilung von Chancen«). Die Effektivität eines SGAMS erhöht sich jedoch nicht dadurch, dass es eine Vielzahl von Dokumenten im SGAMS gibt. Eher nützt das Reduzieren von Dokumenten der Effektivität des SGAMS.

Die in der Norm nicht explizit genannten Dokumente können in einem externen Audit zwar angefragt werden – ein Nachteil darf dadurch jedoch nicht entstehen. Auditnachweise können auch durch Erfragen erlangt werden.

Der Prozess »Lenkung von dokumentierten Informationen« könnte wie folgt aussehen: Insbesondere die oberste Leitung entscheidet über die Erstellung oder Veränderung von Dokumenten. Nachgeordnete Führungskräfte geben diese frei, der SGAMS-Beauftragte schult die Beschäftigten im Umgang damit. Jeder nutzt die Dokumente bei Bedarf bzw. nach Vorgabe des SGAMS. Bei Änderungsbedarf entscheidet die oberste Leitung, wie die Dokumente verbessert werden. Dies kann natürlich von Beschäftigten (siehe 5.4), aber auch durch den Verbesserungsprozess angeregt und unterstützt werden (siehe 10).

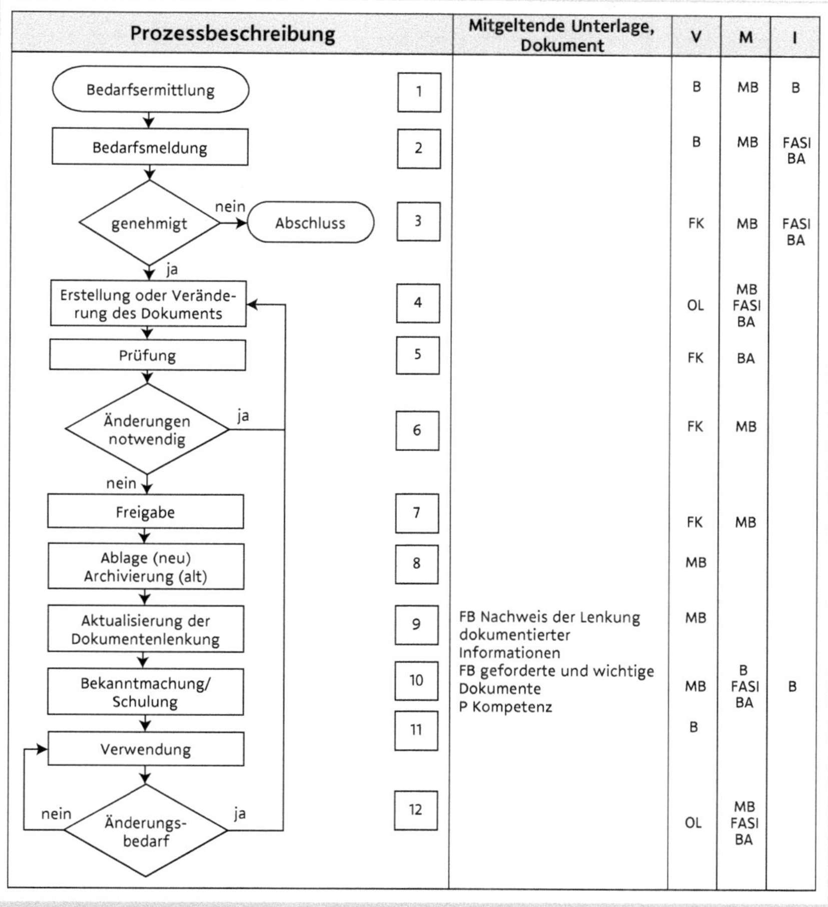

Abb. 71: Prozess »Lenkung von dokumentierten Informationen«

Die Formate und Medien für alle dokumentierten Informationen müssen von der Organisation festgelegt werden und mindestens folgende Aspekte berücksichtigen:

- Name des Dokuments
- Autor (freigegeben von)
- Datum (freigegeben am)
- Revisionsstand

ARBEITSHILFE ONLINE

Teilnehmer/-in	
Name	Unterschrift

Ich bestätige hiermit, an der u. g. Unterweisung teilgenommen und diese inhaltlich verstanden zu haben. Bei später auftretenden Fragen bzgl. der Arbeitssicherheit werde ich mich an meinen direkten Vorgesetzten wenden, um diese zu klären.

Inhalte der Unterweisung
- allgemeine Ansprechpartner
- rechtliche Verpflichtungen (ArbSchG, Pflichten des Arbeitgeber, Pflichten des/der Arbeitnehmer/-in)
- Brandschutz (Brandverhütung, Feuerlöscher, Fluchtwege, Notruf)
- Erste Hilfe (Ersthelfer/-in, Verbandsmittel, Verbandbuch, Unfallmeldung, Notruf, D-Arzt/-Ärztin)
- Bildschirmarbeit und Bürotätigkeiten (BAP-Gestaltung, Stolpern und Stürzen)
- Heben und Tragen (Regeln für den Umgang mit Lasten)
- Fahrt mit Pkw (Verhalten im Straßenverkehr)
- Datenschutz

....
Ort, Datum

....
Unterschrift Unterweisende/-r

Abb. 72: Formblatt Unterweisung

Die Lenkung aller dokumentierten Informationen muss geklärt und definiert werden, um zu ermöglichen, dass Beschäftigte/Berechtigte mit den Dokumente umgehen können, die sie für das SGAMS benötigen. Dies gilt für folgende Tätigkeiten:
- Verteilen
- Zugreifen
- Auffinden
- Verwenden
- Ablegen/Speichern
- Erhaltung der Lesbarkeit
- Ändern
- Überwachung von Änderungen
- kontrollierte Vernichtung

Um einen Überblick über alle Dokumente zu haben, diese regelmäßig (z.B. jährlich) zu überprüfen, ggf. zu ändern, Verantwortliche zuzuordnen und Überarbeitungsbedarfe festzulegen, empfiehlt es sich, einen tabellarischen Nachweis, wie in der nächsten Abb. 73 dargestellt ist, zu führen.

ARBEITSHILFE ONLINE

Nachweis der Lenkung dokumentierter Information

	Ebenen der Dokumente				Dokumentenname	Prozess	Dokument		Erstversion		Folge-Freigabe		Revision	archiviert	Überarbeitungsturnus	Nächste Überarbeitung
	1	2	3	4			aktiv	passiv	Datum	Freigeber	am	durch		am		
					Zentrale_ Prozesse	Zentral		x	13.02. 2013	XY	14.12. 2017	XY	03		jährlich	14.12. 2018
P	001				Beschaffung_Besucher_Fremdfirmen	Beschaffung_Verwaltung_Instandhaltung		x	09.01. 2014	XY	14.12. 2017	XY	14		jährlich	14.12. 2018
FB		001.1			Lieferantenverzeichnis	Beschaffung_Verwaltung_Instandhaltung	x		09.01. 2014	XY	14.12. 2017	XY	01		jährlich	14.12. 2018
FB		002.2			Auswahl_externe_Beschäftigte	Beschaffung_Verwaltung_Instandhaltung		x	30.06. 2014	XY	28.03. 2017	XY	04		jährlich	28.03. 2018
FB			002.2.1		Fragebogen_ externe_Beschäftigte	Beschaffung_Verwaltung_Instandhaltung		x	10.11. 2014	XY	22.01. 2018	XY	01		jährlich	22.01. 2019
P	002				interne_ und_externe_Kommunikation	Kommunikation		x	09.01. 2014	XY	17.01. 2018	XY	03		jährlich	17.01. 2019
FB		002.1			Designanforderungen	Kommunikation		x	09.01. 2014	XY	17.01. 2018	XY	03		jährlich	17.01. 2019
FB		002.2			Verhaltensanforderungen	Kommunikation		x	09.01. 2014	XY	29.03. 2017	XY	04		jährlich	29.03. 2018
P	003				Führungsprozess	Führungsprozess		x	09.01. 2014	XY	14.12. 2017	XY	03		jährlich	14.12. 2018
FB		003.1			SGA-Politik	Führungsprozess		x	09.01. 2014	XY	14.12. 2017	XY	04		jährlich	14.12. 2018
FB		003.2			SGA-Ziele	Führungsprozess		x	09.01. 2014	XY	29.03. 2017	XY	02		jährlich	29.03. 2018

Abb. 73: Nachweis der Lenkung dokumentierter Informationen

Auditfragen

- Enthält das SGAMS die aufgrund der Norm oder der Selbstverpflichtung notwendigen dokumentierten Informationen?
- Haben diese Dokumente eine angemessene Kennzeichnung und ein angemessenes Format?
- Werden diese Dokumente angemessen geprüft und genehmigt?
- Werden diese Dokumente gelenkt (Verfügbarkeit, geeignet für die Verwendung, Speichern und Schutz)?
- Werden externe Dokumente angemessen gekennzeichnet und gelenkt?

8 Betrieb

8.1 Betriebliche Planung und Steuerung

8.1.1 Allgemeines

8 Betrieb (DIN ISO 45001:2018) !

8.1 Betriebliche Planung und Steuerung

8.1.1 Allgemeines
Die Organisation muss die Prozesse zur Erfüllung der Anforderungen des SGA-Managementsystems und zur Durchführung der unter Abschnitt 6 bestimmten Maßnahmen planen, durchführen, steuern und aufrechterhalten, indem sie:

a) Kriterien für die Prozesse festlegt;
b) die Steuerung der Prozesse in Übereinstimmung mit den Kriterien durchführt;
c) dokumentierte Information im notwendigen Umfang aufrechterhält und aufbewahrt, so dass darauf vertraut werden kann, dass die Prozesse wie geplant durchgeführt wurden;
d) die Arbeit an die Beschäftigen anpasst.

An Arbeitsplätzen mit mehreren Arbeitgebern muss die Organisation die relevanten Bestandteile des SGA-Managementsystems mit den anderen Organisationen koordinieren.

8.1.2 Gefahren beseitigen und SGA-Risiken verringern

8.1.2 Gefahren beseitigen und SGA-Risiken verringern (DIN ISO 45001:2018) !

Die Organisation muss Prozesse zur Beseitigung von Gefahren und Verringerung von SGA-Risiken festlegen, umsetzen und aufrechterhalten, indem sie folgende Maßnahmenhierarchie[N1)] anwendet:

a) Beseitigen der Gefahr;
b) Substitution durch weniger gefährliche Arbeitsprozesse, Betriebsabläufe, Arbeitsstoffe oder Arbeitsmittel;
c) Anwendung technischer Maßnahmen und Veränderung der Organisation der Arbeit;
d) Anwendung administrativer Maßnahmen, einschließlich Schulung;
e) Einsatz geeigneter persönlicher Schutzausrüstung.

N1) Nationale Fußnote: Die hier vorgestellte Vorgehensweise ist in §4 des Arbeitsschutzgesetzes verankert und entspricht weitestgehend dem STOP-Prinzip (Substitution, technisch, organisatorisch, personell/persönliche Schutzausrüstung).

Leitfrage: Gibt es Prozesse zur Umsetzung von Maßnahmen zur Beseitigung von Gefahren und Verringerung der SGA-Risiken?

Zur Umsetzung von Schutzmaßnahmen und von Maßnahmen im Sinne von Chancen und Risiken, zum Umgang mit rechtlichen Verpflichtungen und anderen Anforderungen für die Vorbereitung und Reaktion auf Notfallsituationen und zum Aufbau und zur Weiterentwicklung des SGAMS müssen Kriterien definiert werden. Diese Kriterien können sein: Wer, wann, wie, welchen Teil der Maßnahmen umsetzt und wer Rückmeldung gibt, wie diese Maßnahmen in die Geschäftsprozesse integriert werden und wer und v. a. wie die Wirksamkeit kontrolliert wird (das wurde im Vorfeld auch festgelegt, 6.1.4).

Generell gilt es, bei der Umsetzung von Maßnahmen die Maßnahmenhierarchie anzuwenden (STOPP-Prinzip, siehe 6.1.4).

Beseitigen (oder Ersatz) steht an erster Stelle und hat oberste Priorität als Maßnahme, weil dadurch das Risiko am stärksten reduziert bzw. möglicherweise ausgeschaltet werden kann. An zweiter Stelle stehen technische Lösungen wie z. B. Schutzgitter, Absturzsicherungen o. Ä. Organisatorische Maßnahmen folgen den technischen Maßnahmen in der Minimierung von Risiken an dritter Stelle. Eine organisatorische Lösungen wäre es z. B., nur die Hälfte der Arbeitszeit in Lärmbereichen zu verbringen. Am Ende der Maßnahmenhierarchie stehen eher risikoreichere, also »unsichere« und »ungesunde« Lösungen wie z. B. die persönliche Schutzausrüstung zu nutzen und/oder Unterweisungen durchzuführen.

Die Durchführung der Maßnahmen sowie die Umsetzungs- und Wirksamkeitskontrollen ist im Prozess »Gefährdungsbeurteilung und Beurteilung von Chancen« aufgezeigt und insbesondere im Detail im Formblatt »Gefährdungsbeurteilung und Beurteilung von Chancen« (siehe 6.1.2.1) dargestellt. Weiter verfolgt werden die Maßnahmen in Bezug auf das In-Beziehung-Setzen zu SGA-Zielen und die Wirksamkeit, dargestellt im Maßnahmenplan (siehe 6.2.2).

Bei mehreren Arbeitgebern ist eine Koordination notwendig und notwendige Maßnahmen (siehe auch 8.1.4) müssen definiert werden. Die Organisation jedoch bleibt verantwortlich für die Koordination und muss die anderen Arbeitgeber auffordern, ihre Gefährdungen, SGA-Risiken und ggf. auch Chancen zu benennen. Dies erfolgt durch eine Beurteilung von Gefährdungen und Chancen auch in Kurzform, wie man es in Abb. 74 findet.

ARBEITSHILFE ONLINE

Tätigkeitsbeschreibung:	**Auftrags-Nr.:**	
Gefährdungen		
Im Arbeitsbereich vorliegende Gefährdungen durch:	**Auftrag-geber**	**Auftrag-nehmer**
1. Arbeiten in Gruben, engen Räumen, Behältern		
2. Hoch gelegene Arbeitsplätze		
3. Absturzgefahr, Herabfallen von Teilen, Arbeiten übereinander		
4. Silos, Bunker		
5. Nicht standsichere Bauteile		
6. Elektrische Gefährdungen		
7. Kraftbetriebene Anlagen		
8. Quetschung durch Maschinenteile		
9. Mediendruck/Druckbehälter		
10. Bewegte Transportmittel (Flurförderzeuge, Krane)		
11. Heben oder Transportieren besonderer Güter (scharfkantig, feuerflüssig …)		
12. Gefahrstoffe/Gasgefahr/Stäube		
13. Verbrennungen, Verbrühungen (heiße Oberflächen und Medien)		
14. Brand (Schweißen)		
15. Explosion		
16. Strahlung (radioaktiv/Laser)		
17. Sprengarbeiten		
18. Lärm/Vibration		
19. Gegenseitige Gefährdungen (überschneidende Arbeitsplätze, mehrere Ebenen)		
20. Sonstige		
21. Chancen		

Betrieb	

Maßnahmen
Festlegung von Schutzmaßnahmen zu den oben genannten Gefährdungen

Persönliche Schutzausrüstungen			
Kategorie	erforderlich?	Art	
Sicherheitsschuhe		Kategorie:	
Schutzhelm			
Schutzhandschuhe		Art:	
Gerhörschutz			
Schutzbrille			
Atemschutz		Art, Filter:	

Werden während der Arbeiten weitere Gefährdungen erkannt so sind diese umgehend gegenseitig zu melden und Maßnahmen festzulegen.

Auftraggeber		Auftragnehmer	
Name		Name	
Datum		Datum	
Unterschrift		Unterschrift	

Abb. 74: Gefährdungsbeurteilung und Beurteilung von Chancen bei Fremdfirmen

Des Weiteren müssen die anderen Arbeitgeber (Fremdfirmen) allgemein über die Verhaltensregeln zum SGA in der Organisation und weitere Vorgaben im SGAMS z. B. über die Reaktion in Notfällen informiert werden. Dies kann wie in folgenden Beispiel (Abb. 75) erfolgen:

ARBEITSHILFE ONLINE

Verhalten im Brandfall – Ruhe bewahren!

1. Brand melden
- Druckknopfmelder betätigen
- Notrufnummer 112 alarmieren
  - **Wer** meldet?
  - **Was** ist geschehen?
  - **Wo** ist der Schadensort?
  - **Wie** viele Personen sind verletzt?
  - **Warten** auf Rückfragen

2. In Sicherheit bringen
- Türen und Fenster schließen
- ausgeschilderten Fluchtweg bis ins Treppenhaus folgen
- gefährdete Personen warnen, Hilfsbedürftige mitnehmen, Verletzte aus Gefahrenbereich bergen
- im Treppenhaus umgehend Geschossebene 0m aufsuchen
- **Keinen Aufzug benutzen!**
- Durchsage abhören und entsprechend Anweisungen handeln. Orientieren Sie sich hierbei am Objektübersichtsplan!

Beachten Sie bei Ihren ersten Löschversuchen:
- Benutzen Sie Feuerlöscher vor Ort!
- Menschenrettung geht vor Brandbekämpfung!
- Bergen Sie Verletzte aus dem Gefahrenbereich!
- Ihre eigene Sicherheit hat immer Vorrang!

Verhalten bei Unfällen/sonstigen Ereignissen

1. Unfall melden
- Notrufnummer 112 alarmieren
  - **Wer** meldet? (Name, Rufnummer, Firma)
  - **Wo** ist der Schadensort? (Gebäude, Anlagenteil, Stockwerk, Raum)
  - **Was** ist geschehen? (Art des Unfalls, Zahl der Verletzten, Besonderheiten)
  - **Wann**? (Uhrzeit)
- Warten Sie ab, bis die Meldung vom Empfänger wiederholt wurde und bestätigen Sie die Richtigkeit!

2. Erste Hilfe leisten
- Unfallstelle absichern
- Soweit möglich, Erste Hilfe leisten
- Würden Sie hierbei in Gefahr geraten, den Verunfallten aus sicherer Entfernung beobachten, beruhigend zureden
- Rettungsdienst einweisen
- Schaulustige entfernen

Verhalten bei Ertönen des akustischen Alarmsignals
- Elektrische Geräte vom Netz trennen
- Entlang des ausgeschilderten Fluchtwegs in Sicherheit bringen
- Weitere Verhaltensregeln gemäß Verhalten im Brandfall Punkt 2 „in Sicherheit bringen"!

Abb. 75: Fremdfirmeninformation zu SGA

ARBEITSHILFE ONLINE

Sinnvoll erscheint es, die Fremdfirmen in einer Liste zu führen, um einen Überblick zu erhalten, welche Firmen mit der Organisation schon zusammengearbeitet und in diesem Zuge auch im Themenfeld SGA kooperiert und Erfahrungen gesammelt haben. Ein Muster für ein solches »Lieferantenverzeichnis« finden Sie in den Arbeitshilfen online.

Sinnvollerweise werden die Fremdfirmen bzgl. der Kooperation in der SGA bewertet (siehe Abb. 81 »Ergebniskontrolle der Dienstleistung von Fremdfirmen«). Dadurch können Fremdfirmen auch von einer Zusammenarbeit ausgeschlossen werden. Durch eine Ergebniskontrolle kann die Wirksamkeit der Koordination und Zusammenarbeit festgehalten werden.

ARBEITSHILFE ONLINE

Wurde der Arbeitsauftrag lt. Anweisung komplett erledigt?
□ Ja □ Nein
Wenn nein, was fehlte?

Standen alle Arbeitsmittel und Schutzausrüstungen zur Verfügung?
□ Ja □ Nein
Wenn nein, was fehlte?

Betrieb

Gab es Störungen?
□ Ja □ Nein
Wenn ja, welche?

Kamen kritische Situationen vor?
□ Ja □ Nein
Wenn ja, welche?

Traten Schwierigkeiten mit Fremdfirmen auf?
□ Ja □ Nein
Wenn ja, welche?

Gab es Probleme mit Mitarbeitern (z. B. Fehlverhalten)?
□ Ja □ Nein
Wenn ja, welche?

Was könnte in Zukunft verbessert werden?

.... Datum, Unterschrift Auftraggeber	.... Datum, Unterschrift Fremdfirma

Abb. 76: Ergebniskontrolle der Dienstleistung von Fremdfirmen

Auditfragen

- Hat die Organisation Prozesse zur Erfüllung der Anforderungen des SGAMS und zur Durchführung der Maßnahmen gemäß 6.1.4 geplant, durchgeführt, gesteuert und aufrechterhalten?
- Hat die Organisation dabei Kriterien angelegt, steuert sie die Prozesse in Übereinstimmung mit den Kriterien und gibt es dazu dokumentierte Informationen?
- Hat die Organisation an Arbeitsplätzen mit mehreren Arbeitgebern die relevanten Bestandteile des SGAMS mit den anderen Organisationen koordiniert?
- Hat die Organisation Prozesse zur Beseitigung von Gefahren und zur Verringerung von SGA-Risiken festgelegt, umgesetzt und aufrechterhalten, indem sie die Maßnahmenhierarchie anwendet?

Zusammenhänge mit anderen Normkapiteln

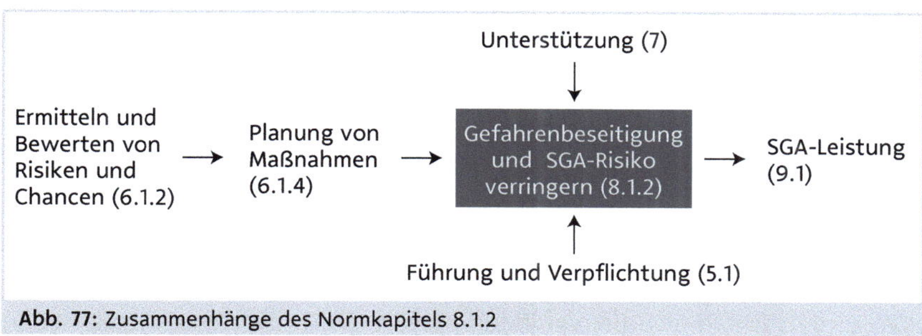

Abb. 77: Zusammenhänge des Normkapitels 8.1.2

8.1.3 Änderungsmanagement

8.1.3 Änderungsmanagement (DIN ISO 45001:2018) !

Die Organisation muss Prozesse zur Umsetzung und Steuerung geplanter vorübergehender und dauerhafter Änderungen festlegen, die sich auf die SGA-Leistung auswirken, einschließlich:

a) neuer Produkte, Dienstleistungen und Arbeitsprozesse oder Änderungen bestehender Produkte, Dienstleistungen und Arbeitsprozesse, einschließlich:
- Orte des Arbeitsplatzes und Arbeitsumgebungen;
  - Arbeitsorganisation;
  - Arbeitsbedingungen;
- Arbeitsmitteln;
- Arbeitskräften;

b) Änderungen von rechtlichen Verpflichtungen und anderen Anforderungen;

c) Änderungen des Wissens oder der Informationen über Gefährdungen und SGA-Risiken;

d) der Fortentwicklung des Wissens und der Technologie.

Die Organisation muss die Folgen unbeabsichtigter Änderungen beurteilen und erforderliche Maßnahmen ergreifen, um jegliche negativen Auswirkungen abzuschwächen.

Leitfrage: Gibt es bei geplanten und unbeabsichtigten Änderungen Prozesse zur Planung und Umsetzung von Maßnahmen?

Veränderungen sind in unserer Arbeitswelt allgegenwärtig. »Der Wechsel allein ist das Beständige« (vgl. Schopenhauer, 2010), das erkannten unterschiedliche Philosophen schon in der Antike, aber auch in der Neuzeit. Heute sind Veränderungen allgegenwärtig und stellen ein SGA-Risiko dar, weil durch Veränderungen neue, oftmals unbekannte Risiken entstehen. Veränderungen verstärken psychische Belastungen und es bilden sich auch Risiken für das SGAMS.

!

Beispiele aus der Praxis

- Auf der Baustelle wird eine Transporteinrichtung abgebaut, die andere Organisationen noch hätten nutzen sollen, um schwere Lasten zu heben.
- Die neue Telefonie-Software erleichtert dem Callcenter-Agenten die Arbeit im Kundenkontakt, sie bricht jedoch oftmals zusammen und eingepflegte Daten müssen nochmals eingegeben werden.
- Der neue, großzügig geplante Wasch- und Baderaum im Pflegeheim ermöglicht einen unkomplizierten Einsatz der Hebehilfen. Leider wurden wenig rutschhemmende Fliesen verlegt, sodass schon erste Stürze zu verzeichnen waren.

Licht und Schatten also bei Veränderungen. In Veränderungen liegen neben Risiken auch Chancen für das SGAMS und SGA-Chancen. Diese sollten durch das genaue Betrachten der Veränderungen im Vorfeld analysiert und bewertet werden.

Veränderungen können sich durch neue Arbeitsmittel, Arbeitsverfahren und/oder Materialien ergeben, also durch Änderungen im Arbeitssystem (siehe auch 6.1). Neue rechtliche Verpflichtungen und andere Anforderungen stellen genauso Änderungen dar wie neue wissenschaftliche oder technische Erkenntnisse über Arbeitssystemelemente.

Sind Änderungen notwendig oder geplant, muss ermittelt werden, wie sich diese auf die SGA auswirken können. Um Risiken zu vermeiden, sind vor der Umsetzung geplanter Änderungen die Risiken zu ermitteln, zu beurteilen und Maßnahmen zu planen (bisher siehe 6.1.4). Die Maßnahmen gilt es umzusetzen, die Wirksamkeit zu prüfen, sodass im Idealfall die SGA-Leistung verbessert werden kann. Genauso gilt es, die Chancen durch Veränderungen zu bewerten und in Form von Maßnahmen zu nutzen.

Ungeplante Änderungen in der SGA oder im SGAMS müssen sofort ermittelt und beurteilt sowie notwendige Maßnahmen ergriffen werden.

Mit dem Prozess »Gefährdungsbeurteilung und Beurteilung von Chancen« und den mitgeltenden Unterlagen (Abb. 17 »Gefährdungsbeurteilung und Beurteilung von Chancen«, Abb. 42 »Maßnahmenplan«) und Veränderungen an Arbeitsplätzen mit anderen Arbeitgebern (siehe Abb. 74 »Gefährdungsbeurteilung und Beurteilung von Chancen bei Fremdfirmen«) kann das Änderungsmanagement im SGAMS umgesetzt werden.

Auditfragen

- Hat die Organisation Prozesse zur Verwirklichung und Steuerung von Maßnahmen bei geplanten vorübergehenden und dauerhaften Änderun-

gen (z. B. neue Produkte, veränderte rechtliche Verpflichtungen usw.) festgelegt?
- Hat die Organisation die Folgen unbeabsichtigter Änderungen beurteilt und Maßnahmen ergriffen?

Zusammenhänge mit anderen Normkapiteln

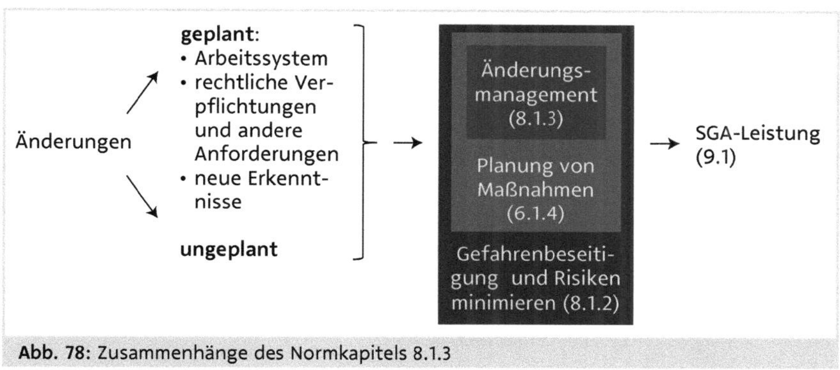

Abb. 78: Zusammenhänge des Normkapitels 8.1.3

8.1.4 Beschaffung

8.1.4.1 Allgemeines

8.1.4 Beschaffung (DIN ISO 45001:2018) !

8.1.4.1 Allgemeines
Die Organisation muss Prozesse zur Steuerung der Beschaffung von Produkten und Dienstleistungen festlegen, umsetzen und aufrechterhalten, um deren Konformität mit ihrem SGA-Managementsystem sicherzustellen.

8.1.4.2 Auftragnehmer

8.1.4.2 Auftragnehmer (DIN ISO 45001:2018) !

Die Organisation muss ihre Beschaffungsprozesse mit ihren Auftragnehmern koordinieren, um Gefährdungen zu ermitteln und die SGA-Risiken zu bewerten und zu kontrollieren, die sich ergeben aus:

a) den Tätigkeiten und Betriebsabläufen der Auftragnehmer, die sich auf die Organisation auswirken;
b) den Tätigkeiten und Betriebsabläufen der Organisation, die sich auf die Beschäftigten der Auftragnehmer auswirken;

c) den Tätigkeiten und Betriebsabläufen der Auftragnehmer, die sich auf andere interessierte Parteien am Arbeitsplatz auswirken.

Die Organisation muss sicherstellen, dass die Anforderungen ihres SGA-Managementsystems von Auftragnehmern und deren Beschäftigten erfüllt werden. Die Beschaffungsprozesse der Organisation müssen für die Auswahl der Auftragnehmer Kriterien der Sicherheit und Gesundheit bei der Arbeit (SGA-Kriterien) festlegen und anwenden.

8.1.4.3 Ausgliedern

!

8.1.4.3 Ausgliederung (DIN ISO 45001:2018)

Die Organisation muss sicherstellen, dass ausgegliederte Funktionen und Prozesse gesteuert werden. Die Organisation muss sicherstellen, dass ihre Regelungen zur Ausgliederung mit den rechtlichen Verpflichtungen und anderen Anforderungen und den beabsichtigten Ergebnissen des SGA-Managementsystems übereinstimmen. Die Art und der Grad der Steuerung dieser Funktionen und Prozesse müssen im SGA-Managementsystem festgelegt werden.

Leitfrage: Hat die Organisation einen Prozess zur Beschaffung (Produkte, Dienstleistungen und/oder Subunternehmer) festgelegt und sind Kriterien bezüglich SGA bei der Beschaffung bestimmt?

Der Beschaffungsprozess muss differenzierter gesehen werden. Notwendigerweise sollten alle Aktivitäten berücksichtigt werden, in denen andere Personen, Materialien, Arbeitsmittel, Aufgabenstellungen etc. in das bestehende gefährdungs- und chancenbeurteilte Arbeitssystem eingreifen bzw. auf es einwirken. Folgende Einwirkungsmöglichkeiten sind zu unterscheiden:

1. Dienstleistungen von Beratungsunternehmen (z. B. Prozessabläufe anders gestalten)
2. Materialien (Maschinen, Arbeitsstoffe u. Ä.)
3. andere Arbeitgeber/Fremdfirmen, die z.B. Maschinen reparieren oder regelmäßig Reinigungsarbeiten durchführen
4. Leiharbeitnehmer, die kurzfristig, u.U. aber auch über längere Zeit beschäftigt werden
5. Halbzeuge/Halbfabrikate, die von anderen Arbeitgebern in den Produktions- oder Dienstleistungsprozess integriert werden. Unter Umständen wurden diese Halbzeuge vorher im Haus produziert und sind nun »outgesourct« (ausgegliedert) worden.
6. Besucher, die sicherlich auf das bestehende System einwirken, wenngleich auch nur gering (z. B. ein Gabelstaplerfahrer fährt um eine Besuchergruppe herum)

Die Punkte 1 und 2 stellen den klassischen Beschaffungsprozess dar. Die Punkte 3 und 4 sind jeweils ein Beschaffungsprozess, der deutlich mehr Koordinationsaufwand benötigt, da sich der Prozess über eine längere Zeit hinzieht. Punkt 5 ist ein Beschaffungsprozess, der sich regelmäßig wiederholt. Und Punkt 6 ist kein typischer Beschaffungsprozess, dennoch hat er Auswirkungen auf das Arbeitssystem. Möglicherweise können auch neue Gefährdungen entstehen. Es ist wichtig, im SGAMS auch zu dieser Thematik eine Regelung zu finden (siehe auch 8.2).

Wie der Prozess Beschaffung aussehen könnte und wie er die oben angesprochenen Themen inkludieren kann, ist in der nächsten Abbildung zu sehen.

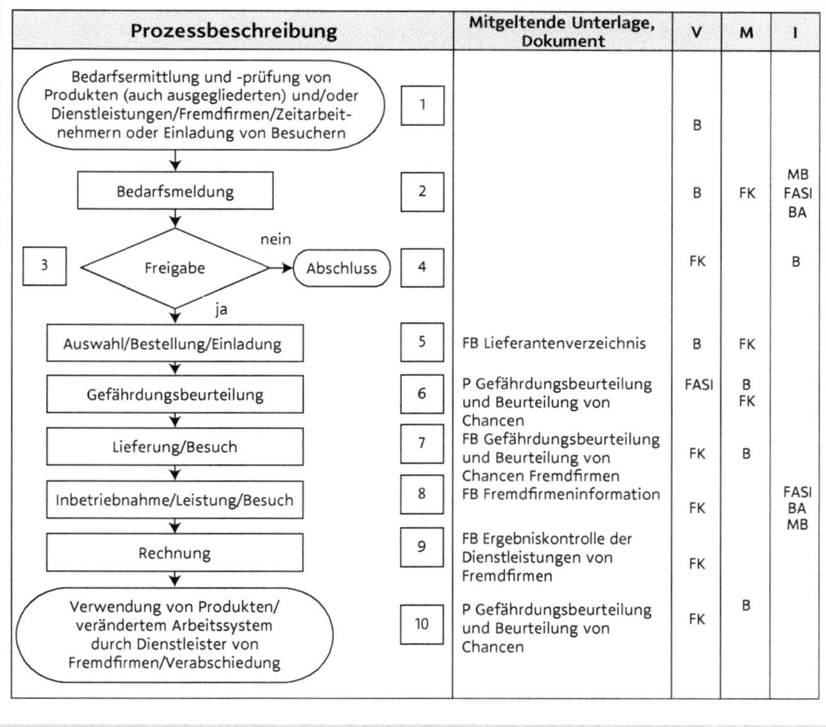

Abb. 79: Prozess »Beschaffung, Besucher und Fremdfirmen«

Zunächst wird der Bedarf ermittelt. Die oben angesprochenen sechs Möglichkeiten sind denkbar, wodurch dieser Prozess angestoßen werden kann. Liegt ein Bedarf vor (Schritt 3), findet eine Auswahl unter SGA-Kriterien statt. Folgende Kriterien sind möglich:

- Fremdfirmen, die ein SGAMS nachweisen, werden bevorzugt berücksichtigt.

- Zeitarbeitsfirmen, die ihre Mitarbeiter schon im Vorfeld unterwiesen und arbeitsmedizinisch untersucht haben, werden prioritär behandelt.
- Minderjährige Besucher dürfen bestimmte Produktionshallen nicht betreten.
- Halbzeuge, deren Produktion outgesourct wurde, werden stichprobenartig untersucht, da folgende Vorgaben gemacht wurden:
  - beim Feuerverzinken kein galvanisches Verzinken zulassen (Baubranche)
  - zweimaliges Reinigen der Sanitäranlagen und Teeküchen jeden Tag (Kommunikationsbranche)
  - Waschen der Textilien mit allergenfreien Waschmitteln (Pflegebranche)
- Für Maschinen, Materialien und Dienstleistungen werden z.B. folgende Kriterien vorgegeben:

  Fuhrpark:
  - Leasing: Neufahrzeuge
  - Gebrauchtfahrzeuge: max. 80.000km gefahren
  - Fahrzeuge für weite Strecken: mind. 140 PS
  - Fahrzeuge für kurze Strecken: mind. 60 PS
  - Bluetooth
  - Airbag beim Beifahrer

  Maschinen:
  - CE-Kennzeichnung vorhanden
  - Konformitätserklärung vorhanden
  - Bedienungsanleitung vorhanden
  - Blechstärke mind. 5mm
  - Max. 78 dB(A)

  Gefahrstoffe
  - Sicherheitsdatenblatt
  - Lagerungshinweis
  - max. vier Tage Lieferzeit
  - Gefährdungsbeurteilung für Sprühaufbringung inklusive

  Externe Beratung
  - zeitliche und geografische Mobilität
  - fachliche Expertise
  - Zusicherung auf Ersatz

Eine Gefährdungsbeurteilung und eine Beurteilung von Chancen muss im Vorfeld durchgeführt werden. Die Organisation muss im Rahmen ihres Beschaffungsprozesses Gefährdungen identifizieren, bewerten und kontrollieren. Ihre Aufgabe ist es, Maßnahmen zu finden, um Gefährdungen zu reduzieren und Chancen zu nutzen.

Dies gilt für Auftragnehmer, die die Beschaffung in der Organisation ausführen (Fremdfirmen, Lieferanten, Subunternehmer, Handwerker, externe Dienstleister). Dies gilt ebenso für Auftragnehmer, die das Beschaffte in Organisationen hineintragen (Gefahrstoffe, Materialien).

Beschäftigte der Organisation (Fremdfirmen), die die Beschaffung umsetzen, müssen jedoch auch die Gefährdungen kennen, die vom Auftraggeber ausgehen. Eine Koordination ist hier fortlaufend notwendig, insbesondere bei weiteren Veränderungen (siehe auch 8.1.1).

Die Anforderungen, die das SGAMS definiert, müssen von (potenziellen) Auftragnehmern für Beschaffungsprozesse, insbesondere von deren Beschäftigten und auch Besuchern v. a. hinsichtlich der Verhaltensregeln (siehe Abb. 75) erfüllt werden.

Wie unter 8.1.1 und oben (siehe outgesourcte Leistung) beschrieben, muss die Erfüllung von SGA-Kriterien kontrolliert werden (Ergebniskontrolle) und in die Lieferantenbewertung mit einfließen.

Weitere Vorgaben und Hinweise zur Koordination mit anderen Arbeitgebern (Fremdfirmen) findet man unter 8.1.1.

Auditfragen

- Hat die Organisation einen Prozess zur Beschaffung (Produkte, Dienstleistungen und/oder Subunternehmer) festgelegt?
- Hat die Organisation den Beschaffungsprozess mit dem Auftragnehmer koordiniert und Kriterien für SGA festgelegt?
- Hat die Organisation ausgegliederte Funktionen und Prozesse gesteuert und dabei die rechtlichen Verpflichtungen und Anforderungen des SGAMS berücksichtigt?

Zusammenhänge mit anderen Normkapiteln

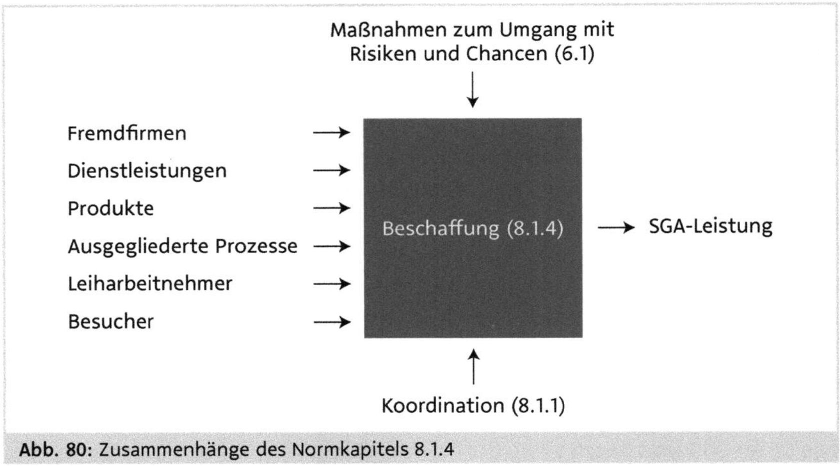

Abb. 80: Zusammenhänge des Normkapitels 8.1.4

8.2 Notfallplanung und Reaktion

!

8.2 Notfallplanung und Reaktion (DIN ISO 45001:2018)

Die Organisation muss Prozesse festlegen, umsetzen und aufrechterhalten, die sie für die Vorbereitung und Reaktion auf mögliche Notfallsituationen nach 6.1.2.1 benötigt, einschließlich:

a) der Festlegung einer geplanten Reaktion auf Notfallsituationen, einschließlich der Versorgung durch Erste Hilfe;
b) der Bereitstellung von Schulungen für die geplante Reaktion;
c) der wiederkehrenden Überprüfung und Übung der geplanten Reaktionsfähigkeit;
d) der Leistungsbewertung und, soweit notwendig, Anpassung der geplanten Reaktion, einschließlich nach der Überprüfung und insbesondere nach dem Eintritt von Notfallsituationen;
e) der Kommunikation und Bereitstellung relevanter Informationen an alle Beschäftigten bezüglich ihrer Pflichten und Verantwortlichkeiten;
f) der Kommunikation relevanter Informationen an Auftragnehmer, Besucher, Notfalldienste, Behörden und, soweit angemessen, die Ortsgemeinde;
g) den Bedürfnissen und Fähigkeiten aller relevanten interessierten Parteien Rechnung tragen und ihre Einbeziehung an der Entwicklung geplanter Reaktionen, soweit angemessen, sicherstellen.

Die Organisation muss dokumentierte Information zu den Prozessen und zu den Notfallplänen aufrechterhalten und aufbewahren.

Leitfrage: Gibt es einen Prozess für die Vorbereitung und Reaktion auf mögliche Notfallsituationen?

Es muss ein Prozess etabliert werden, der die Notfallsituationen ermittelt und Reaktionen der Organisation in Notfallsituationen festlegt (Schritte 2 und 4). Der Prozess soll Anlässe zur Überprüfung der Reaktionen, vor allem nach Einsatz des Notfallplanes, und eine regelmäßige Überarbeitung beinhalten (Schritte 8, 9 und 10). Beschäftigte müssen informiert werden und praktisch regelmäßig Notfallsituationen üben (Schritte 6 und 7). Die Übung bzw. das Übungsergebnis müssen bewertet werden und ggf. müssen Veränderungen der Notfallplanung und Reaktionen auf Notfallsituationen vorgenommen werden. Der Prozess könnte wie folgt aussehen:

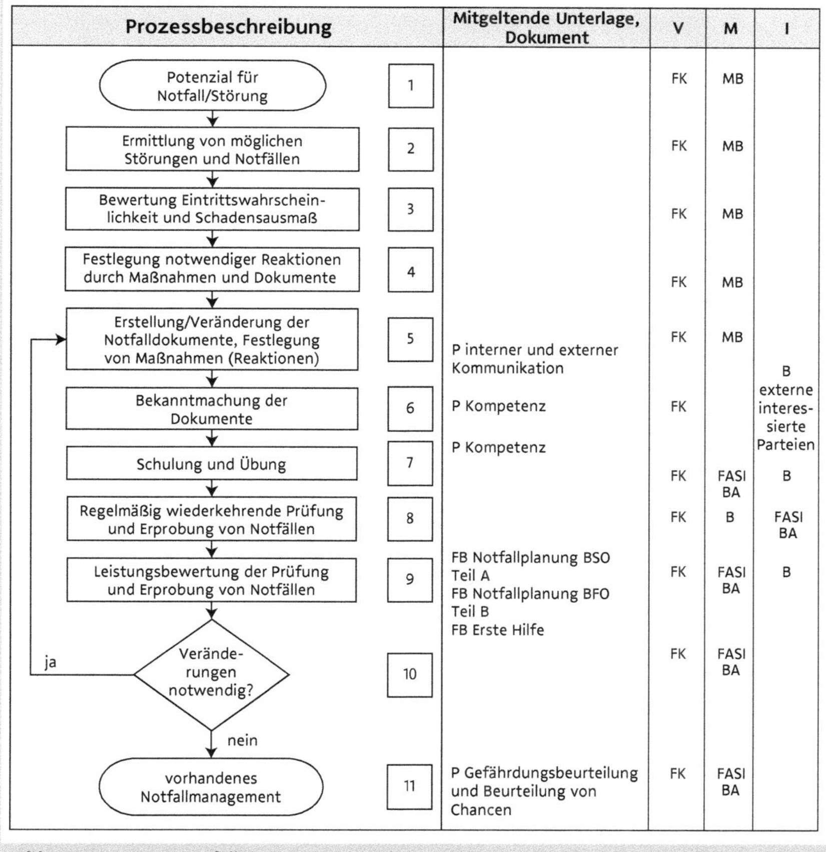

Abb. 81: Prozess »Notfallplanung und Reaktion«

!

Beispiele für Notfallsituationen

- Notfallsituationen können in der Baubranche beim Tragen einer Absturzsicherung das Fallen in die Auffanggurte sein. Um ein Hängetrauma zu vermeiden, muss schnell gehandelt werden können.
- In der Kommunikationsbranche arbeiten auch Schwerbehinderte, die in Rollstühlen sitzen und bei einer Räumungsübung Unterstützung benötigen.
- Vor einer ähnlichen, aber deutlich schwierigeren Situation stehen Pflegekräfte in Alten- und Pflegeheimen, da viele Bewohner nicht mehr mobil sind.
- Bei Stichwunden muss in der Pflegebranche eine gute Erstversorgung gewährleistet sein und die Dokumentation sicher ablaufen.

Notfallsituationen können jederzeit auch ohne vorherige Anzeichen eintreten. Da sich im Normalbetrieb neben den eigenen Beschäftigten der Organisation auch Externe (z. B. Besucher, Dienstleister, Lieferanten) in dem von der Notfallsituation betroffenen Bereich aufhalten können, sind diese vor dem Betreten solcher Bereiche auf das richtige Verhalten in Notfallsituationen hinzuweisen (siehe auch 8.1.1).

Bei der Bewältigung von Notfallsituationen kann auf die Unterstützung externer Parteien (z. B. Feuerwehr, Polizei, Rettungsdienst, Landesämter für Arbeit, Umwelt etc.) zurückgegriffen werden. Dafür sind diese im Vorhinein in die Planungen einzubeziehen, um eine optimale Zusammenarbeit zu gewährleisten. Andere externe, interessierte Parteien (z. B. Anwohner) sollten in besonderer Weise informiert werden. Auch das ist zu berücksichtigen und festzulegen (auch 7.4). Eine Dokumentation über die Prozesse bezüglich der Planung bei möglichen Notfallsituationen müssen vorliegen.

Folgende Schritte müssen umgesetzt werden:

- proaktive Ermittlung von Notfallsituationen (z. B. Störungen, Brandfall, Erste-Hilfe-Leistung); die Gefährdungsbeurteilung ist hier zu erweitern.
- Ermittlung von Gefährdungen bei der Betrachtung aller Betriebszustände (auch Montage, Instandhaltung, Nachtschicht …)
- Betrachtung von Wechselwirkungen mit der Arbeitsumgebung (Gasbehälter in der Nähe der Verkehrswege, die auch Lkws benutzen)
- Ermittlung von besonderen SGA-Risiken in Notfallsituationen (Retten von abgestürzten Personen im sauerstoffreduzierten Hochregallager)
- Bewertung besonderer SGA-Risiken in Notfallsituationen
- Ermittlung von interessierten Parteien bei der Bewältigung von Notfallsituationen (Feuerwehr, Deutsches Rotes Kreuz, Anwohner, Kunden …)
- Ermittlung der Bedürfnisse und Fähigkeiten aller interessierten Parteien bei der Bewältigung von Notfallsituationen

- Beteiligung aller interessierten Parteien bei der Entwicklung geplanter Reaktionen auf zu erwartende Notfallsituationen
- Festlegung einer geplanten Reaktion auf Notfallsituationen einschließlich der Bereitstellung von Erster Hilfe als standardisiertem Vorgehen
- Benennung von Verantwortlichen für die Bewältigung von Notfallsituationen (5.3 und 7.2)
- Ermächtigung der Verantwortlichen zur Einleitung und Durchführung von Korrekturmaßnahmen für den Fall, dass das standardisierte Vorgehen nicht die notwendige Wirkung entfaltet (5.3)
- ggf. Zusammenfassung aller Maßnahmen und Formulierung eines Notfallmanagementhandbuchs
- Ablegen des Notfallmanagementhandbuchs an geeigneter Stelle
- Verbreitung des Notfallmanagementhandbuchs und Information über die verantwortlichen Personen zur Bewältigung von Notfallsituationen
- Kommunikation und Bereitstellung spezifischer Informationen an alle Beschäftigten und extern interessierten Parteien bezüglich ihrer Pflichten und Verantwortlichkeiten (7.2 und 7.3)
- Schulung und praktisches Üben der Beschäftigten ggf. mit externen interessierten Parteien für die Reaktion auf Notfallsituationen (7.2)
- wiederkehrende Übung der Reaktion auf Notfallsituationen
- regelmäßige Überprüfung, Leistungsbewertung und Aktualisierung des Notfallmanagementhandbuchs, sowohl anlassbezogen (nach dem Eintreten von Notfallsituationen) als auch turnusmäßig

Auditfragen

- Hat die Organisation Prozesse für die Vorbereitung und Reaktion auf mögliche Notfallsituationen festgelegt?
- Hat die Organisation dabei auch die geplanten Reaktionen auf Notfälle, Erste Hilfe, Schulungen, Übungen, wiederkehrende Überprüfung und Leistungsbewertung, ggf. Anpassung, Information an alle Beschäftigten und ggf. an weitere interessierte Parteien und die Bedürfnisse interessierter Parteien berücksichtigt?
- Hat die Organisation dokumentierte Informationen dazu geführt und aufbewahrt?

Zusammenhänge mit anderen Normkapiteln

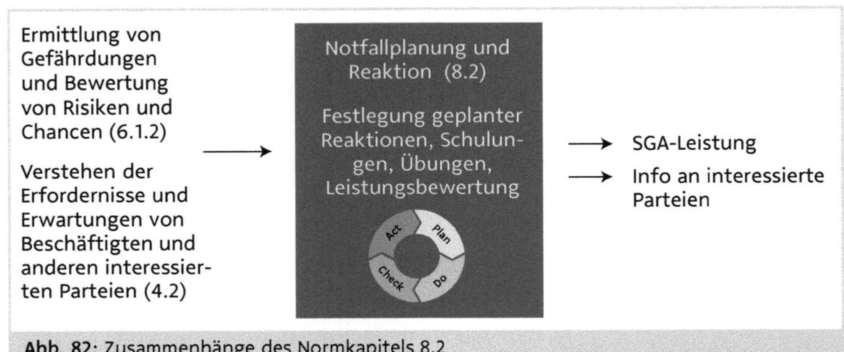

Abb. 82: Zusammenhänge des Normkapitels 8.2

9 Bewertung der Leistung

9.1 Überwachung, Messung, Analyse und Leistungsbewertung

!

9 Bewertung der Leistung (DIN ISO 45001:2018)

9.1 Überwachung, Messung, Analyse und Leistungsbewertung

9.1.1 Allgemeines
Die Organisation muss Prozesse zur Überwachung, Messung, Analyse und Leistungsbewertung festlegen, umsetzen und aufrechterhalten.
Die Organisation muss bestimmen:

a) was überwacht und gemessen werden muss, einschließlich:
   1. des Ausmaßes, in dem rechtliche Verpflichtungen und andere Anforderungen erfüllt werden;
   2. ihrer Tätigkeiten und Abläufe bzgl. ermittelter Gefährdungen, Risiken und Chancen;
   3. des Fortschritts der SGA-Zielerreichung der Organisation;
   4. der Wirksamkeit von betrieblichen und anderen Maßnahmen;

b) die Methoden zur Überwachung, Messung, Analyse und Leistungsbewertung, soweit zutreffend, um gültige Ergebnisse sicherzustellen;

c) die Kriterien, nach denen die Organisation ihre SGA-Leistung bewertet;

d) wann die Überwachung und Messung durchzuführen ist;

e) wann die Ergebnisse der Überwachung und Messung zu analysieren, zu bewerten und zu kommunizieren sind.

Die Organisation muss die SGA-Leistung bewerten und die Wirksamkeit des SGA-Managementsystems bestimmen.
Die Organisation muss sicherstellen, dass Überwachungs- und Messgeräte, soweit angemessen, kalibriert oder geprüft und in geeigneter Weise verwendet und gewartet werden.
Die Organisation muss angemessene dokumentierte Information aufbewahren:

- als Nachweis der Ergebnisse der Überwachung, Messung, Analyse und Leistungsbewertung;
- über die Wartung, Kalibrierung oder Prüfung der Messgeräte.

Leitfrage: Gibt es einen Prozess zur Überwachung, Messung und Bewertung der SGA-Leistung?

Um das SGAMS zu kontrollieren oder zu überwachen, ob es funktioniert, seinen Sinn und seine Ziele erfüllt und für die Organisation geeignet und angemessen ist, muss ein Prozess definiert werden. Dieser Prozess misst, analysiert und bewertet das SGAMS, die Zielerreichung, Aktivität, Wirksamkeitsbetrachtung und die verwendeten Messmethoden.

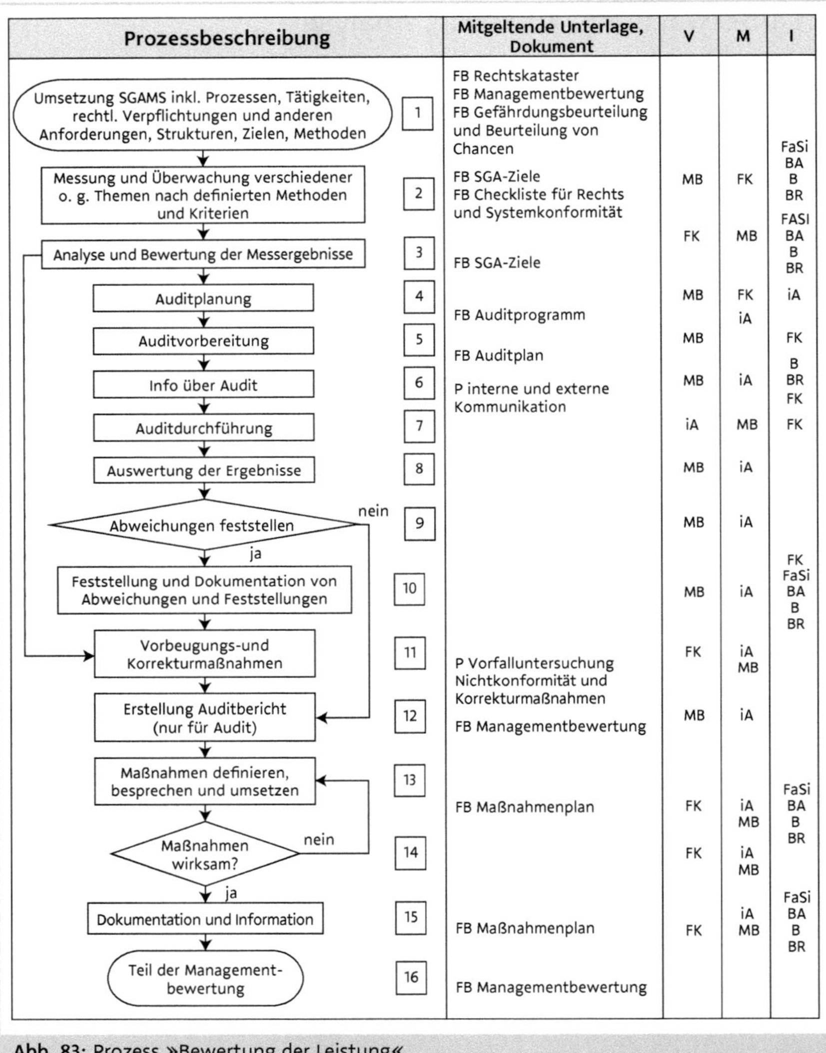

Abb. 83: Prozess »Bewertung der Leistung«

Im Detail müssen innerhalb dieser Prozesse

- die Einhaltung von rechtlichen Verpflichtungen,
- das Minimieren oder sogar Vermeiden von identifizierten Risiken und Gefährdungen,

- das Stärken von Chancen,
- die Zielerreichung sowie die Effektivität und Effizienz von Maßnahmen, Prozessen und Strukturen

durch definierte Mess- und Überwachungsmethoden analysiert und bewertet werden. Diese Methoden müssen als festgelegte Mess- und Überwachungsinstrumentarien kalibriert und verifiziert sein. Sie müssen also den Gütekriterien Validität (misst die Methode das, was ich messen will?), Reliabilität (ist die Methode zuverlässig?) und Objektivität (misst die Methode unter ähnlichen Bedingung dasselbe?) genügen.

Folgende Methoden werden oft angewendet (siehe auch 6.1.2.2):

- Audits (siehe auch 9.2)
- physikalische Messungen (z. B. Staub oder Lärm)
- subjektive Einschätzungen von Beschäftigten (z. B. Befragung nach Zufriedenheit, Beschwerden, Belastungen, Inanspruchnahme, Verbesserungen, Ressourcen und Chancen)
- Zählen der Vorfälle (z. B. Schnittverletzungen, Fälle von betrieblichem Eingliederungsmanagement, Vorsorgeuntersuchungen, Arbeitsunfälle, Beinaheunfälle, Verbesserungsvorschläge, Meldung von Risiken, AU-Tage oder Unterweisungsquote)
- Expertenrating (z. B. Einhaltung rechtlicher Verpflichtungen, Prüfung von Arbeitsmitteln, Räumungsübung, Anzahl der Ersthelfer oder Auflistung von Gefahrstoffen)

Für diese Methoden müssen Kriterien bestimmt werden, wie die SGA-Leistung analysiert und bewertet wird. Diese Kriterien sind damit Messverfahren und müssen überprüft werden. Außerdem ist zu definieren, wann die Analysen und Bewertungen durchgeführt und auch kommuniziert werden. Mögliche Bewertungsmethoden sind auch unter 6.1.2.2 beschrieben.

So kann die SGA-Leistung und das SGAMS selbst inklusive der eingesetzten Mess- und Überwachungsmethoden evaluiert werden. Wie die Bewertung und Einhaltung von rechtlichen Verpflichtungen erfolgen kann, ist im nächsten Kapitel dargestellt.

Auditfragen

- Hat die Organisation einen Prozess zur Überwachung, Messung und Bewertung der SGA-Leistungen festgelegt, verwirklicht und aufrechterhalten?
- Hat die Organisation dabei berücksichtigt, was überwacht wird (z. B. SGA-Risiken, rechtliche Verpflichtungen, SGA-Zielerreichung und Wirksamkeit von Maßnahmen)?

- Hat die Organisation die SGA-Leistung bewertet und die SGAMS-Wirksamkeit bestimmt?
- Hat die Organisation sichergestellt, dass die Messgeräte und -methoden selbst überprüft werden?
- Hat die Organisation dokumentierte Informationen über die Messung und Überprüfung des SGAMS sowie der Messgeräte?

Zusammenhänge mit anderen Normkapiteln

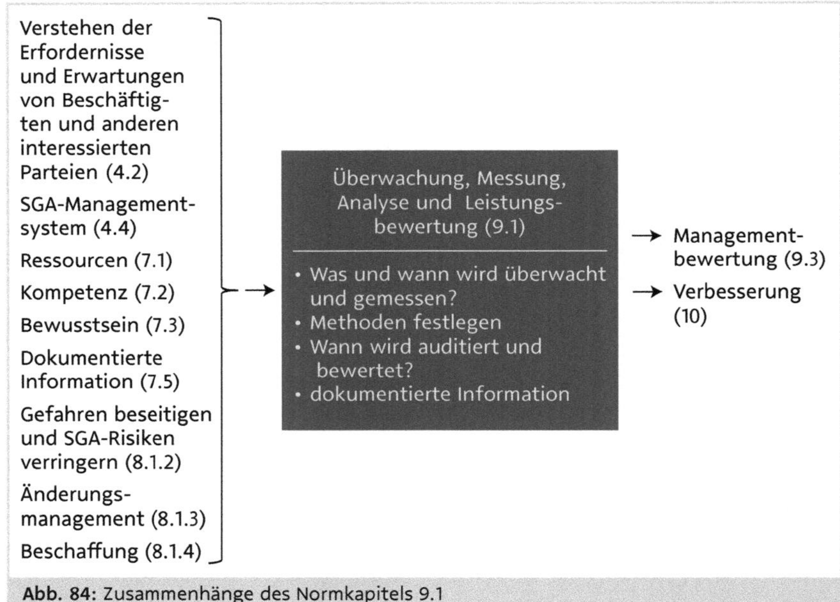

Abb. 84: Zusammenhänge des Normkapitels 9.1

9.2 Bewertung der Compliance

!

9.1.2 Bewertung der Compliance (DIN ISO 45001:2018)

Die Organisation muss Prozesse zur Bewertung der Compliance mit rechtlichen Verpflichtungen und anderen Anforderungen (siehe 6.1.3) festlegen, umsetzen und aufrechterhalten.

Die Organisation muss:

a) die Häufigkeit und Methoden zur Bewertung der Compliance bestimmen;
b) die Compliance bewerten und, falls notwendig, Maßnahmen ergreifen (siehe 10.2);
c) Kenntnisse und Verständnis ihres Status hinsichtlich der Compliance aufrechterhalten;
d) dokumentierte Information zu den Ergebnissen der Compliance-Bewertung aufbewahren.

Leitfrage: Gibt es einen Prozess zur Bewertung der Einhaltung rechtlicher Verpflichtungen und anderer Anforderungen?

Um Rechtskonformität zu erreichen und damit auch die Forderungen der Norm zu erfüllen, muss ein Prozess zur Bewertung der Übereinstimmung rechtlicher Verpflichtungen und anderer Anforderungen festgelegt werden (siehe 6.1.3). »Compliance-Check« oder »Legal-Check« sind Begriffe, die man dazu oft in der Fachliteratur findet. Bund, Länder und Unfallversicherungsträger stellen den GDA-ORGAcheck (www.gda-orgacheck.de) zur Verfügung. Mit dieser Checkliste ist es möglich, die allgemein in Deutschland geltenden Regularien des Arbeitsschutzes bzw. der SGA abzufragen und zu bewerten. In der folgenden Abbildung ist eine Fragestellung aus dem Baustein »Gefährdungsbeurteilung« abgebildet.

GDA-ORGACheck	
Wie sieht es in Ihrem Betrieb aus?	
Ist die Durchführung der Gefährdungsbeurteilung organisiert? (Zuständigkeit, Beteiligung, wie, wann, Aktualisierung/Überprüfung)	▪ Dringender Handlungsbedarf ▪ Handlungsbedarf ▪ Zurzeit kein Handlungsbedarf

Abb. 85: GDA-ORGACheck

Des Weiteren erhält man Hilfestellung, welche Maßnahmen zu ergreifen sind, wenn Rechtskonformität nicht gegeben ist.

Der GDA-ORGAcheck muss nur noch mit dem eigenen Rechtskataster (6.1.3) abgestimmt und gegebenenfalls erweitert werden, um zu prüfen, ob alle Regularien berücksichtigt wurden.

Um die Rechtskonformität zu prüfen, ist es auch denkbar, selbst eine umfassende Checkliste auf der Basis des Rechtskatasters zu entwerfen und diese mit Fragen zur Systemkonformität (9.2) des SGAMS zu ergänzen. Hier ein Vorschlag dazu: Es könnten beispielsweise drei Handlungsstufen berücksichtigt und entsprechende Checklisten erstellt werden, nach denen eine Bewertung erfolgt.

- In Handlungsstufe I erfolgt die Bewertung des Umsetzungsstands rechtlicher Verpflichtungen, wie z. B. geforderte Gefährdungsbeurteilung, Explosionsschutz-Dokument, arbeitsmedizinische Vorsorge oder betriebliches Eingliederungsmanagement (BEM).
- In Handlungsstufe II werden Themen der Handlungsstufe I unter Berücksichtigung der Umsetzungstiefe, Verantwortungsdefinition und -über-

nahme sowie Implementierung in die Prozesse und Strukturen der Organisation abgefragt. In dieser Stufe findet man Aspekte, die aufgrund der rechtlichen Verpflichtungen notwendig sind (z. B. die Wirksamkeitsprüfung von Maßnahmen im Rahmen der Gefährdungsbeurteilung). Man findet aber auch Fragestellungen, die aufgrund der Vorgaben des SGAMS notwendig und sinnvoll erscheinen (z. B. die Festlegung der regelmäßigen Wiederholung von Gefährdungsbeurteilungen). Nur so kann Nachhaltigkeitssicherung und Effektivität/Effizienz im SGAMS erreicht werden.

ARBEITSHILFE ONLINE

- In der Handlungsstufe III werden weitere Aspekte des SGAMS (z. B. Politik, Ziele, Ressourcen ...) im Sinne einer Management-Checkliste thematisiert, um dann bewertet zu werden. Diese Fragestellungen ähneln in großen Teilen den Fragen, die in den jeweiligen Kapiteln am Ende unter »Auditfragen« zu finden sind und zusammengefasst auch in den Arbeitshilfen online stehen.

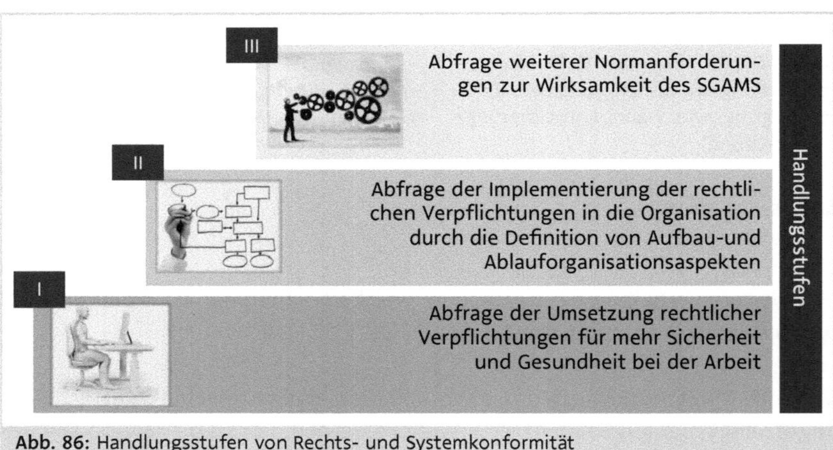

Abb. 86: Handlungsstufen von Rechts- und Systemkonformität

Wie in Abb. 87 ersichtlich, findet man die Fragestellungen der Handlungsstufe I im Compliance-Check »Sicherheit und Gesundheit bei der Arbeit«. Der Organisations-Check SGA bildet die Analyseeinheit für Handlungsstufe II ab und der Management-Check stellt Fragen der Handlungsstufe III. Nach der Auswertung der Checklisten und ggf. der Festellung offensichtlicher Defizite helfen die Umsetzungshilfen in der Toolbox, die Defizite zu beheben. Unterschiedliche Arbeitshilfen sind auch online bereitgestellt. Hilfreich sind insbesondere auch die vorangegangenen Seiten.

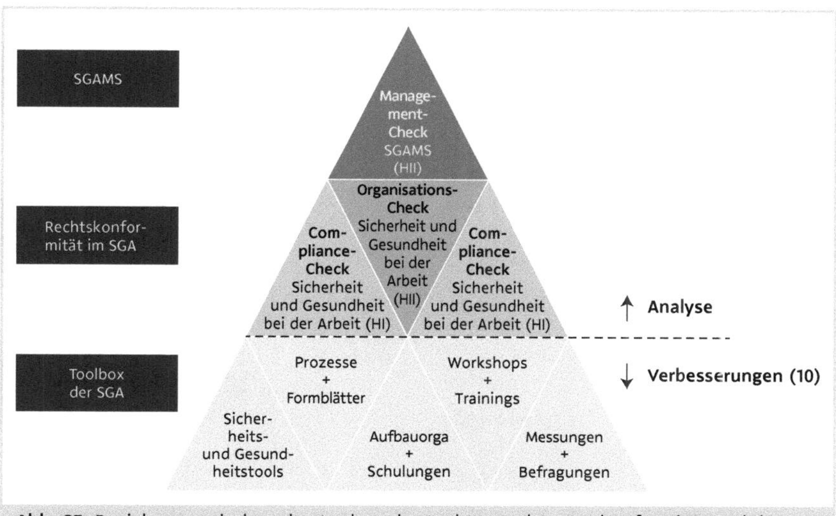

Abb. 87: Beziehung zwischen der Analyse der Rechts- und Systemkonformität und den Verbesserungs- und Umsetzungstools

Das Ziel von Compliance und des SGAMS (9.2) ist Konformität. Dieses Ziel ist jedoch zu »grob« gefasst, sodass eine Verbesserungsnotwendigkeit oder ein Verbesserungspotenzial nicht exakt erkannt werden kann.

Mithilfe von Zielhierarchien und Zielfeldern kann dem Analysesystem eine Struktur gegeben werden, um detailliert herauszufinden, an welchen Stellen Handlungsbedarf besteht. Die Zielhierarchie besteht aus drei Ebenen (Grob-, Fein- und Feinstziele) und mehreren Zielfeldern, die wiederum die Basis für das Generieren von Fragestellungen für die Checklisten liefern.

Die Feinstziele der Handlungsstufe I (teilweise auch der Handlungsstufe II, wie oben beschrieben) orientieren sich an den rechtlichen Verpflichtungen der SGA und sind logisch miteinander verbunden (z.B. die Erreichung des Feinstziels »Brandschutz« unter dem Feinziel »Arbeitsstätte«).

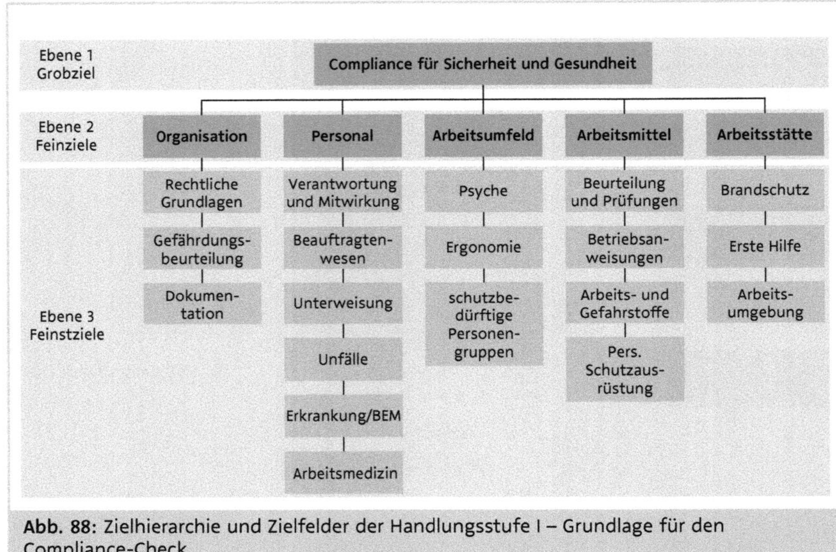

Abb. 88: Zielhierarchie und Zielfelder der Handlungsstufe I – Grundlage für den Compliance-Check

Die Zielhierarchie und -felder der Handlungsstufe II sind den Zielfeldern der Handlungsstufe I ähnlich. In den Fragestellungen wird jedoch die Nachhaltigkeit stärker abgefragt.

Wie oben schon beschrieben legt die Handlungsstufe II den Fokus auf der Überführung der Aufbau- und Ablauforganisation in ein zertifizierbares Managementsystem. Um die Zielerreichung auf dieser Ebene messen zu können, werden in der Handlungsstufe III weitere Normanforderungen in den Ebenen 2 und 3 spezifiziert.

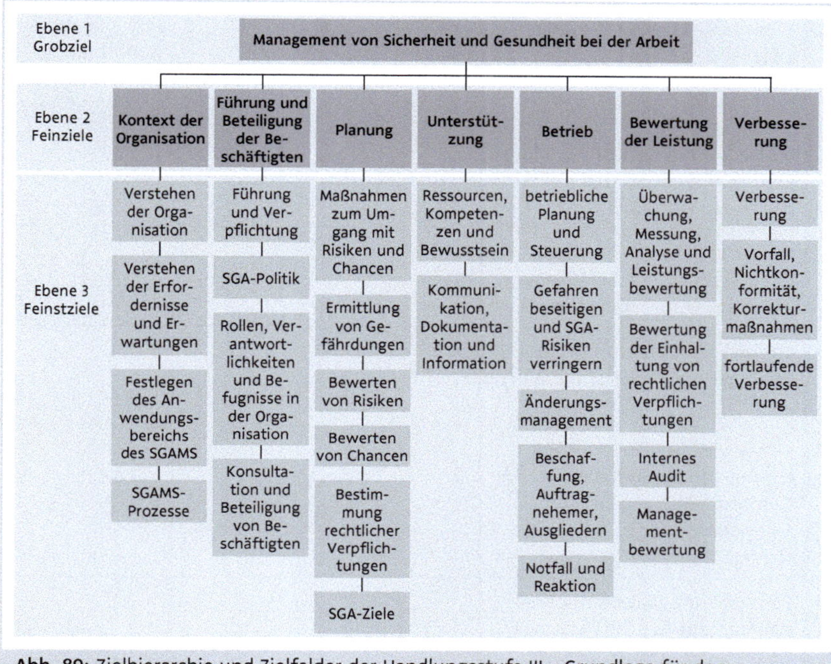

Abb. 89: Zielhierarchie und Zielfelder der Handlungsstufe III – Grundlage für den Management-Check

Aus allen Feinstzielfeldern können nun notwendige und passende Fragestellungen generiert werden. Die Feinstzielfelder werden also durch Fragestellungen operationalisiert. Beispiele dazu sind in den folgenden Abbildungen zur Gefährdungsbeurteilung der Handlungsstufe I und II sowie zur Politik der Handlungsstufe III zusammengestellt – sie sind auch in den Arbeitshilfen online zu finden:

ARBEITSHILFE ONLINE

B	Organisation – Gefährdungsbeurteilung	nicht relevant	sehr schlecht	2	3	4	5	sehr gut	Bemerkung/ Maßnahme
1	Gibt es Gefährdungsbeurteilungen nach ArbSchG und anderen geltenden Regularien?								
2	Werden relevante Personen bei der Erstellung der Gefährungsbeurteilung mit einbezogen?								
3	Werden die Gefährdungsbeurteilungen regelmäßig aktualisiert?								
4	In wie weit wird bei der Festlegung von Maßnahmen in der Gefährungsbeurteilung die Maßnahmenhierarchie berücksichtigt?								
5	Werden für ausgewählte Maßnahmen aus der Gefährdungsbeurteilung Zuständigkeiten und Fristen für die Umsetzung festgelegt?								
6	Werden alle durchgeführten Maßnahmen auf ihre Wirksamkeit überprüft?								
7	Sind in der Gefährdungsbeurteilung mögliche zusätzliche Gefährdungen durch Fremdfirmen oder Arbeitnehmerüberlassungen betrachtet worden?								

Abb. 90: Auszug aus dem Compliance-Check »Gefährdungsbeurteilung«

B	Organisation – Gefährdungsbeurteilung	nicht relevant	sehr schlecht	2	3	4	5	sehr gut	Bemerkung/ Maßnahme
1	Ist ein Vorgehen/Prozess definiert, wird dieser umgesetzt und regelmäßig aktualisiert?								
2	Sind die Gefährdungsbeurteilungen gemäß Organisationsaufbau vollständig (z. B. Standorte, Bereiche)?								
3	Sind die Gefährdungsbeurteilungen inhaltlich vollständig und passend (z. B. Tätigkeiten, Gefährdungen, Beurteilung, Maßnahme, Zuständigkeiten und Fristen)?								
4	Werden die Gefährdungsbeurteilungen bei Bedarf (z. B. Unfall, Umbau, Neubau, Neubeschaffung) aktualisiert/ergänzt/überprüft?								
5	Werden prospektive Gefährdungsbeurteilungen (z. B. vor Umbau, Beschaffung) erstellt?								
6	Werden Gefährdungsbeurteilungen einheitlich dokumentiert und mit geregelten Zugriffsmöglichkeiten abgelegt?								

Abb. 91: Auszug aus dem Organisations-Check »Gefährdungsbeurteilung«

C	Vorgaben – Politik	nicht relevant	sehr schlecht	2	3	4	5	sehr gut	Bemerkung/ Maßnahme
1	Hat die Organisation eine Sicherheits- und Gesundheitspolitik festgelegt, umgesetzt und aufrechterhalten?								
2	Umfasst die Sicherheits- und Gesundheitspolitik eine Verpflichtung zur Steuerung von Sicherheits- und Gesundheitsrisiken unter Verwendung der Maßnahmenhierarchie?								
3	Ist die Sicherheits- und Gesundheitspolitik als dokumentierte Information verfügbar?								

Abb. 92: Auszug aus dem Management-Check »Politik«

Zu einem Zielfeld gibt es jeweils mehrere Fragen. Diese Fragen können auf einer Skala von 1 (sehr schlecht) bis 6 (sehr gut) im Punktwertsystem bewertet werden. Experten nehmen bezogen auf die jeweilige Situation und die jeweiligen Fragestellung ein Rating vor. Die Durchschnittswertbildung der Beurteilungswerte der einzelnen Fragen bestimmt dabei den Zielfeldwert und damit den Zielerreichungsgrad der Feinstziele. Hochgerechnet können jedoch auch die Zielerreichungsgrade von Fein- und Grobzielen gebildet werden und so KPI (Key Performance Indicator) entwickelt werden.

Durch eine Software-Applikation (SusA® System zur universell strukturierten Analyse) kann eine Auswertung und Darstellung in Form von Kreissektordiagrammen (KSD) erfolgen (siehe folgende Abbildungen).

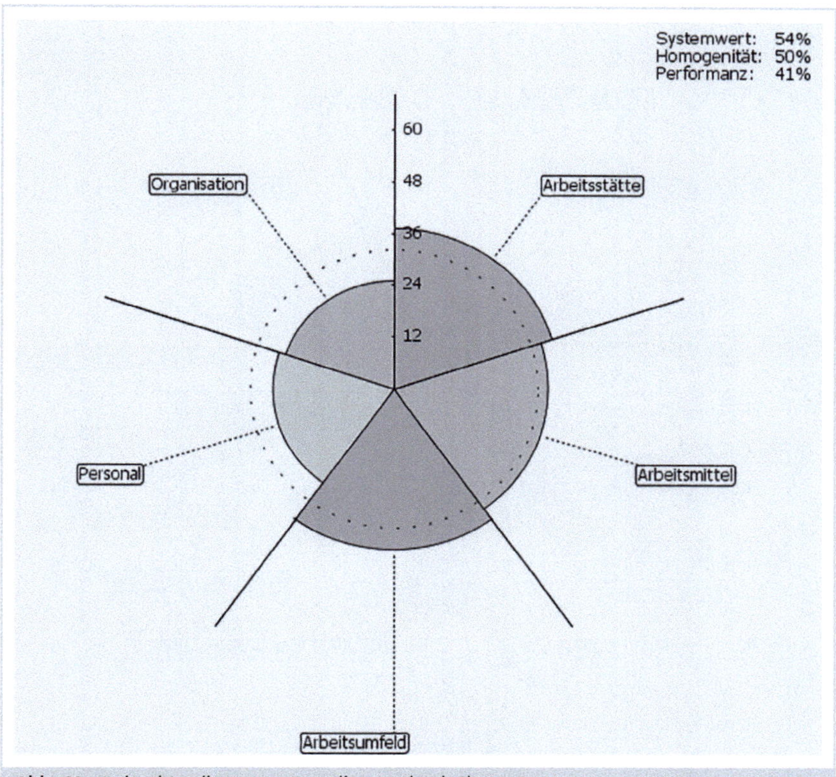

Abb. 93: Kreissektordiagramm Compliance-Check Ebene 2

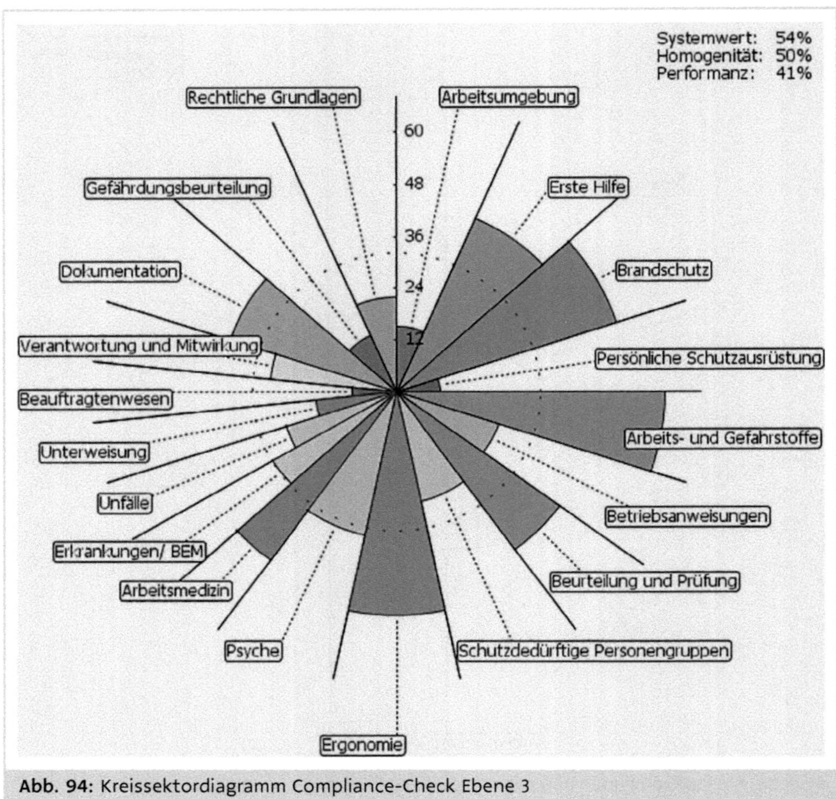

Abb. 94: Kreissektordiagramm Compliance-Check Ebene 3

In der Darstellung der Ebene 3 wird auch durch die farbliche Gestaltung ersichtlich, in welchen Bereichen Defizite existieren und Optimierungsbedarf besteht. Aus Gründen der Anwenderfreundlichkeit werden hohe Zielerreichungsgrade grün, mittlere gelb und geringe (Achtung Defizit!) rot markiert (hier in Graustufen dargestellt).

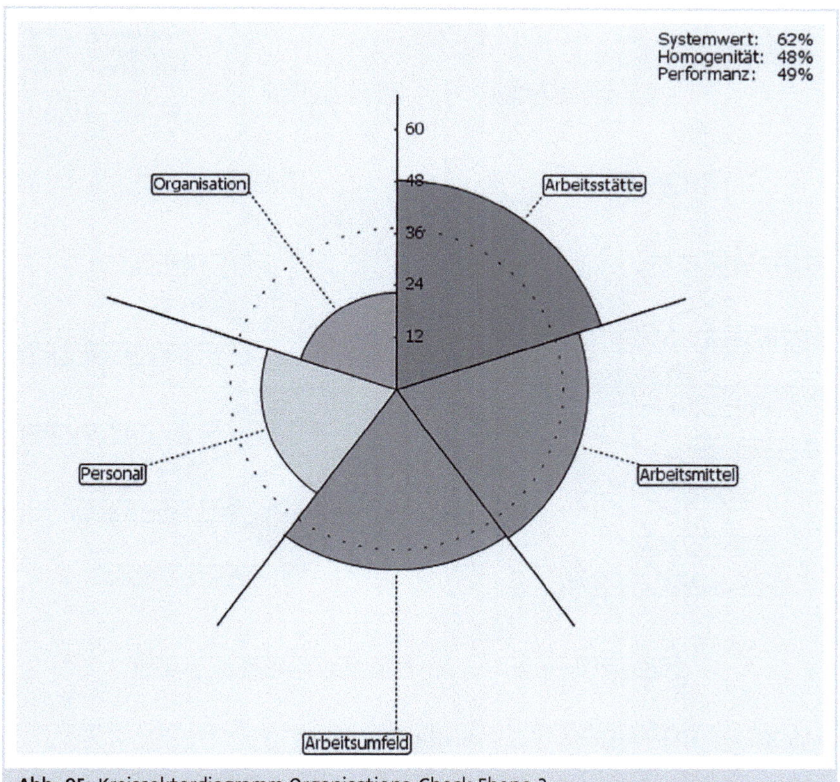

Abb. 95: Kreissektordiagramm Organisations-Check Ebene 2

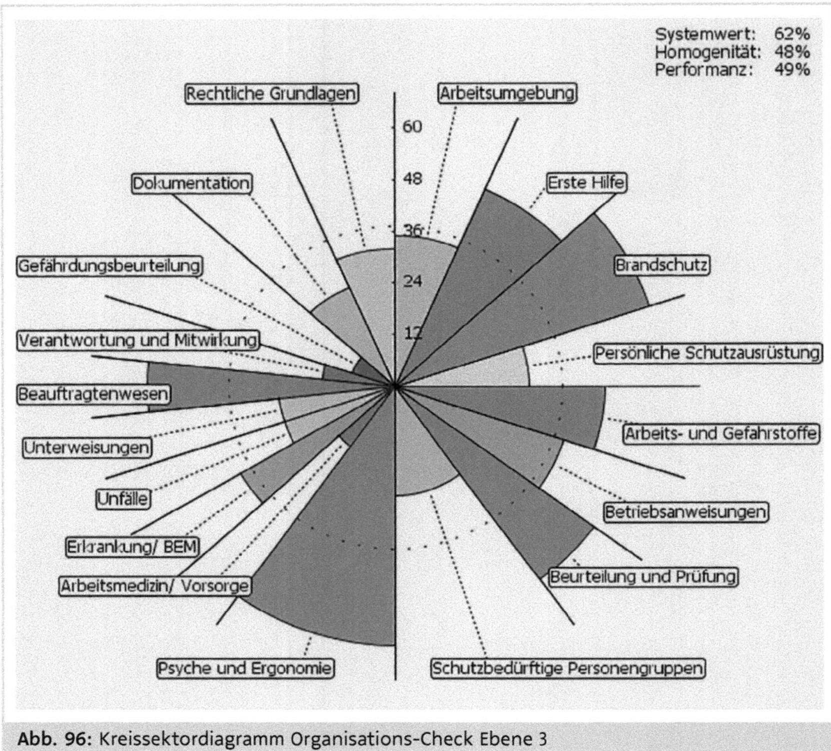

Abb. 96: Kreissektordiagramm Organisations-Check Ebene 3

Zusätzlich zur Bewertung der Fragestellungen und damit der Zielerreichungsgrade ist es möglich, diese auch zu gewichten:

!

Beispiele für Gewichtungen

Möglicherweise ist in der Baubranche dem Thema Unfälle und Arbeitsumgebung mehr Gewicht zu geben als dem Thema Psyche. Das Thema Psyche, gepaart mit Brandschutz und Ergonomie, ist wiederum bei der Kommunikations- und Pflegebranche höher zu gewichten.

Schwerpunkte durch Gewichtung können auch organisationsspezifisch gesetzt werden, um so den zentralen Aussagen von SGA-Strategien, -Politik und -Zielen auch in der Überprüfung von Rechts- und Systemkonformität Rechnung zu tragen.

Eine Gewichtung der einzelnen Zielfelder kann so erfolgen, dass jedem Zielfeld entsprechend seines Gewichts ein Winkelmaß im KSD zugeordnet wird. Die Gewichtung der einzelnen Zielfelder sollte vorab festgelegt werden und über eine gewisse Zeit (mind. zwei Jahre) stabil bleiben, außer es sprechen gewichtige Gründe dagegen. So geht das Zielfeld »Gefährdungsbeurteilung« der Ebene 3 im Beispiel (Abb. 96 »Kreissektordiagramm Organisations-Check Ebene 3«) mit einer Gewichtung von 11% ein. Daneben werden sämtliche Messdaten aus den Checklisten durch ein Umrechnungsverfahren auf eine einheitliche Bewertungsskala von 10 bis 60 überführt, indem der Mittelwert einer Bewertung (z. B. 5,4) mit 10 multipliziert wird (= 54). Je höher der Wert, desto näher reicht das Teilziel im KSD an den Kreisrand heran und umso »grüner« wird der Zielbereich. Mit diesem Verfahren werden auch inhaltlich unterschiedliche Parameter miteinander vergleichbar.

Ein KSD eignet sich deshalb gut für die Darstellung, weil es alle relevanten Informationen über den Ist-Zustand enthält:

- die gewichteten Teilziele
- die Bewertungen der Zielerreichung auf einer einheitlichen Skala
- die verdichteten Kennzahlen

SusA® ermöglicht es ebenfalls, einzelne Zielfelder darzustellen.

Zur Interpretation der Ergebnisse dienen:

- das KSD selbst (Überblick und farbliche Gestaltung)
- der Systemwert (SW)
- die Homogenität (Ho)
- die Performanz (Pf)

Wie in den Abbildungen oben dargestellt, werden im KSD die Zielerreichungsgrade der jeweiligen Ziele dadurch visualisiert, wie stark oder wie wenig die KSD-Flächen ausgefüllt sind.

Der Systemwert (SW) stellt den durchschnittlichen gewichteten Zielerreichungsgrad über alle Teilziele hinweg dar und wird in Prozent angegeben. Im KSD erscheint er als gestrichelte Linie. Er kann theoretisch zwischen ca. 16,7% und 100% variieren. Um 100% zu erreichen, müsste eine Organisation bzgl. Sicherheit und Gesundheit bei der Arbeit rundum top organisiert sein.

Einen SW von 16,7% erhält eine Organisation, die in allen Messbereichen den Wert 1 = »sehr schlecht« bekommen hat. Man fragt sich, warum eine Organisation keinen SW unterhalb dieses minimalen Werts erreichen kann. Dies liegt zum einen in der Methode selbst begründet, zum anderen aber auch daran, dass alle Organisationen über eine minimale Widerstandsfähigkeit verfügen müssen, um zu existieren. Denn ohne ein Mindestmaß an Sicherheit und Gesundheit bei der Arbeit hat eine Organisation keinen Bestand.

Die Homogenität (Ho) gibt an, wie gleichmäßig die einzelnen Messbereiche bewertet wurden. Sie misst die Summe der quadrierten Abweichungen in den Bewertungen der einzelnen Messbereiche und drückt diesen Wert in Prozent aus. Die Standardabweichung zwischen allen Messbereichen ist also die rechnerische Grundlage der Ho. Systeme können extrem homogen (alle Bereiche gleich gut oder gleich schlecht ausgeprägt) oder extrem inhomogen (alle Bereiche variieren stark) sein. Homogen gute oder schlechte Systeme erreichen einen Ho-Wert von 100%.

Warum ist die Homogenität so wichtig? Man stelle sich zum Beispiel eine Organisation vor, die über hervorragende Leistungsparameter verfügt (z.B. eine vollständige Gefährdungsbeurteilung), aber keine Unterweisungen durchführt und keine Betriebsanweisungen vorhält. Das System befindet sich in einem äußerst inhomogenen Zustand. Es wird instabil. Das Risiko der Instabilität eines Systems (hier einer Organisation) muss bei der Gesamtbewertung berücksichtigt werden. Dies geschieht durch die Ermittlung der systembezogenen Performanz (Systemleistung).

Die Performanz (Pf) stellt den am höchsten verdichteten und wichtigsten Kennwert dar. Der Wert ergibt sich aus dem SW und der Ho und kann daher als vollständige Bewertung der Organisation interpretiert werden. Die Performanz kann nicht höher sein als der SW. Das bedeutet, dass eine hohe Ho (z.B. 90%) einen niedrigen SW (z.B. 40%) nicht positiv beeinflussen kann, denn sonst würde eine Organisation, die in allen Zielfeldern ausgeglichen schlechte Werte aufweist, aufgrund ihrer hohen Ho eine dennoch höhere Pf aufweisen. Die Ho erniedrigt also den SW nur unterschiedlich stark. Die Formel zur Berechnung der Pf lautet:

$$Pf = SW - \frac{1}{4} \times (100 - Ho)$$

Ist die Ho eines Systems bei 100%, so entspricht die Pf exakt dem SW. Ist die Ho niedriger als 100%, so werden ¼ vom SW der Differenz der Ho von 100% abgezogen.

Beispiel: SW = 80% / Ho = 60% → Pf = 80 – ¼ × (100 – 60) = 70. Anders ausgedrückt: Die Pf dieses Arbeitssystems erniedrigt sich um 10%.

Für viele Organisationen stellt sich nun die Frage: »Wie gut bin ich eigentlich?«.

Um Rechts- und Systemkonformität zu erlangen, sollten Werte von über 90 bzw. 85 erreicht werden. Entwickelt eine Organisation erst ihr SGAMS, kann sie sich an den Richtwerten in der nächsten Abbildung orientieren. Damit lässt sich der KPI bzgl. der Compliance einordnen (Bewertung); der Wert entspricht dann dem gegenwärtigen Reifegrad des SGAMS.

Bewertung	Systemwert	Performanz
sehr gut	> 90%	> 85%
gut	> 75–90%	> 65–85%
leicht eingeschränkt	> 60–75%	> 55–65%
eingeschränkt	> 45–60%	> 40–55%
erheblich eingeschränkt	< 45%	< 40%

Abb. 97: Richtwerte für die Bewertung von Kennzahlen in diesem System

Die fiktive Organisation (Abb. 93 »Kreissektordiagramm Compliance-Check Ebene 2«) besitzt z. B. einen SW von 51%, eine Ho von 56% und eine Pf von 40%. Gemäß der Tabelle in der Abb. 97 ist der Zielerreichungsgrad der Zielfelder als »eingeschränkt bis erheblich eingeschränkt« zu bewerten. Ein Blick auf den Zielerreichungsgrad der Ebenen 2 und 3 zeigt, dass erhebliche Defizite im Bereich »Organisation« und konkret in den Zielfeldern »Gefährdungsbeurteilung« und »Rechtliche Grundlagen« zu finden sind. Weitere Einschränkungen bestehen im Feld »Beauftragtenwesen«, »persönliche Schutzausrüstung«, »Unterweisung« und »Arbeitsumgebung«.

Insbesondere die Zielfelder Gefährdungsbeurteilung und Arbeitsumgebung wurden signifikant gewichtet, das heißt, eine anschließende Maßnahmenplanung und -umsetzung zu deren Verbesserung sollte daher überwiegend an der Potenzialsteigerung und Defizitminimierung dieser Themen ansetzen (vgl. Weinreich und Weigl, 2011, S. 273), wobei die anderen Themenfelder nicht vergessen werden sollten. Hinweise für die Umsetzung in den defizitären Bereichen findet man z. B. zur »Gefährdungsbeurteilung« unter 6.1 und zu »Rechtliche Grundlagen« unter 6.1.3 sowie in diesem Normkapitel. Weitere Analyse- und Umsetzungstools können in Anlehnung an die folgende Abbildung den Arbeitshilfen online entnommen werden.

Stufe	Analyse- und Umsetzungstools
Compliance	▪ Formblätter für Protokolle von Begehung, Besprechung, ASA ▪ Gefährdungsbeurteilungen (Arbeitsstätten- und Arbeitsplatzbeurteilungen) nach Arbeitsschutzgesetz, Gefahrstoffverordnung, Biostoffverordnung etc. für z. B. Ergonomie, Homeoffice, Alleinarbeit ▪ Gefährdungsbeurteilung psychischer Belastung ▪ Gefährdungsbeurteilung Erste Hilfe und Brandschutz ▪ Kataster für z. B. Lärm, Licht, Temperatur ▪ Übertragung von Unternehmerpflichten (Pflichtenübertragung) ▪ Bestellungsurkunden für z. B. Sicherheitsbeauftragte, Ersthelfer, Gefahrstoffbeauftragte, Fachkraft für Arbeitssicherheit, Betriebsarzt ▪ System für Onlineunterweisungen ▪ Prüfchecklisten (z. B. Leitern, Elektrogeräte, Regale) ▪ Unterweisungsunterlagen für z. B. mechanische Gefährdungen, klimatische Gefährdungen, Biostoffe ▪ Betriebsanweisungen für z. B. Maschinen, Gefahrstoffe, Biostoffe ▪ Gefahrstoffmanagement (Verzeichnis, Beurteilungen, Substitution) ▪ Vorlagen für Unfallstatistik und -analysen ▪ Brandschutzordnungen ▪ Formblätter für betriebliches Eingliederungsmanagement
Organisation	▪ Prozesse für: – Gefährdungsbeurteilung – Prüfung – Arbeitsmedizin – Notfallorganisation – rechtliche Verpflichtungen – ...
Management	▪ SGA-Politik ▪ Ziele und Key Performance Indicators für Sicherheit und Gesundheit bei der Arbeit ▪ Aufbaustruktur im SGAMS

Abb. 98: Weitere Analyse- und Umsetzungstools zur Verbesserung der Rechts- und Systemkonformität

Mit diesem System von Handlungsstufen, Zielhierarchien und -feldern und abgeleiteten Checklisten inklusive der Auswertungs- und Darstellungsmöglichkeiten kann die Organisation die Anforderungen des Normkapitels erfüllen:

- Überwachungsbedarf erkennen
- Überwachungsmethoden festlegen
- diese Methoden bewerten
- Maßnahmen umsetzen
- Dokumentation

Auditfragen

- Hat die Organisation Prozesse zur Bewertung der Einhaltung rechtlicher Verpflichtungen und anderer Anforderungen festgelegt, verwirklicht und aufrechterhalten?
- Hat die Organisation die Häufigkeit und die Methoden bestimmt, Kenntnisse aufrechterhalten, falls notwendig Maßnahmen ergriffen wurden, und dokumentierte Informationen aufbewahrt?

9.3 Internes Audit

9.3.1 Allgemeines

!

9.2 Internes Audit (DIN ISO 45001:2018)

9.2.1 Allgemeines

Die Organisation muss in geplanten Abständen interne Audits durchführen, um Informationen darüber zu erhalten, ob das SGA-Managementsystem:

a) die Anforderungen:
   1. der Organisation an ihr SGA-Managementsystem, einschließlich der SGA-Politik und der SGA-Ziele;
   2. dieses Dokuments erfüllt;

b) wirksam verwirklicht und aufrechterhalten wird.

Leitfrage: Werden interne Audits geplant, durchgeführt und ausgewertet?

Damit das SGAMS seine selbst vorgegebenen Ziele erreicht, Risiken und Vorfälle minimiert, Chancen stärkt und die SGA-Leistung verbessert, helfen interne Audits, dies zu überprüfen. Um die Systemkonformität zu überprüfen, sollen interne Audits auch helfen zu erkennen, ob Prozesse funktionieren, ob Rollen und Verantwortlichkeiten zur Organisation passen und ob weitere Anforderungen dieser Norm und die Anforderungen, die das SGAMS an sich selbst gestellt hat, eingehalten werden.

Auditfragen

- Hat die Organisation in geplanten Abständen interne Audits durchgeführt?
- Hat die Organisation dadurch Informationen erhalten, ob das SGAMS die Anforderungen der Norm erfüllt und das SGAMS wirksam ist?

9.3.2 Internes Auditprogramm

!

9.2.2 Internes Auditprogramm (DIN ISO 45001:2018)

Die Organisation muss:

a) ein oder mehrere Auditprogramme planen, aufbauen, verwirklichen und aufrechterhalten, einschließlich der Häufigkeit von Audits, Methoden, Verantwortlichkeiten, Konsultation, Anforderungen an die Planung sowie Berichterstattung, welche die Bedeutung der betroffenen Prozesse und die Ergebnisse vorheriger Audits berücksichtigen;
b) für jedes Audit die Auditkriterien sowie den Umfang festlegen;
c) Auditoren so auswählen und Audits so durchführen, dass die Objektivität und Unparteilichkeit des Auditprozesses sichergestellt sind;
d) sicherstellen, dass die Ergebnisse der Audits den zuständigen Führungskräften sowie relevante Auditergebnisse den Beschäftigten und, wo vorhanden, deren Vertretern sowie den anderen relevanten interessierten Parteien berichtet werden;
e) Maßnahmen ergreifen, um Nichtkonformitäten zu behandeln, und ihre SGA-Leistung fortlaufend verbessern (siehe Abschnitt 10);
f) dokumentierte Information als Nachweis der Verwirklichung des Auditprogramms und der Ergebnisse der Audits aufbewahren.

Leitfrage: Werden Auditprogramme geplant und Auditkriterien festgelegt?

Unter einem Audit versteht man einen systematischen, unabhängigen und dokumentierten Prozess zum Erhalten von Auditnachweisen (dokumentierte Informationen oder Feststellungen zu den Auditkriterien) und zu deren objektiver Auswertung, um zu bestimmen, inwieweit die Auditkriterien (Referenzgrundlagen) erfüllt sind (siehe Definition von Audit; vgl. DIN EN ISO 19011, 2018, S. 11).

Audits sind in der Arbeitswelt, aber auch darüber hinaus ständig im Einsatz, wenngleich man sie nicht immer so nennt. Jede Begehung im Arbeitsschutz ist ein Audit, da wir eine solche Maßnahme i.d.R. planen und mit Auditkriterien belegen, zumindest implizit. Man überprüft z.B., wie sich ein Unfall ereignet hat, oder die Schutzeinrichtungen an allen Maschinen oder das Tragen der PSA an einem willkürlich ausgewählten Tag zu einer bestimmten Uhrzeit. Zusätzlich legt man bestimmte Methoden fest (z.B. Inaugenscheinnahme, Beobachtung oder Befragung von Beschäftigten).

Wie im vorherigen Kapitel dargestellt, sind interne Audits wichtige Kontrollmöglichkeiten, um zu erkennen, ob externe, aber auch interne Vorgaben für das System ausreichend umgesetzt wurden.

Im Gegensatz zu internen Audits werden externe Audits auch von Kunden (Zweitparteienaudit) oder Zertifizierungsstellen (Zertifizierungsaudit) durchgeführt.

Außerdem gilt es, zwischen
- Systemaudits (Beurteilung eines Gesamtsystems (SGAMS) oder einzelner Elemente (z.B. Pflichtenübertragung der Führungskräfte im SGA)),
- Prozessaudits (Überprüfung des Prozesses Gefährdungsbeurteilung) und
- Produktaudits (Überprüfung der Merkmale eines Produkts z.B. einer Checkliste zur Erfassung der rechtlichen Aspekte der Gefährdungsbeurteilung oder des Tragekomforts einer Schutzbrille)

zu unterscheiden (vgl. Gietl & Lobinger, 2012, S. 10 ff.).

Weitere denkbare Audits sind Compliance-Audits (siehe hierzu auch 9.1.2) oder Performance-Audits. Im zuletzt genannten Audit orientiert man sich an der SGA-Leistung und verfolgt unter anderem SGA-Ziele bzw. deren Erreichung.

Auditprogramme sind mit verschiedenen Auditplänen zu erstellen. Die Häufigkeit der Audits, die Länge und inhaltlichen Schwerpunkte, die verwendeten Methoden und Verantwortlichkeiten (insb. Einbeziehen der Beschäftigten) und die Berichterstattung müssen definiert werden.

Das Auditieren stützt sich auf eine Reihe von Prinzipien, die das Audit zu einem wirksamen und zuverlässigen Werkzeug machen sollen, um das SGAMS aufrechtzuerhalten und v. a. zu verbessern. Die Auditprinzipien sind dabei:
- Integrität (ehrlich, unparteiisch und rechtliche Verpflichtungen einhaltend)
- eine sachliche Darstellung (wahrheitsgetreu, objektiv, zeitgerecht)
- angemessene berufliche Sorgfalt
- Vertraulichkeit (sensibler Umgang mit vertraulichen Informationen)
- Unabhängigkeit (frei von Voreingenommenheit, unabhängig von Führungskräften oder anderen Beschäftigten)
- eine auf Nachweisen beruhende Vorgehensweise (verifizierbare Auditnachweise, entscheidungsbasierte und statistisch passende Stichproben und -entnahme)

Das Audit besteht aus drei Auditphasen, bei denen die wichtigste die Auditvorbereitung ist. Es folgen Auditdurchführung und Auditnachbereitung.

Die Auditvorbereitung beginnt mit der Festlegung von Auditzielen und Zielen des Auditprogramms. Als Auditziele kommen zum Beispiel infrage:
- die Wirksamkeit des SGAMS bestimmen
- Zertifizierung erfüllen

- Managementsystem verbessern
- vertragliche Anforderungen erfüllen
- Vertrauen als Lieferant erhalten

Aufgrund der Zieldefinition/-vorgabe müssen ein oder auch mehrere Auditprogramme über einen gewissen Zeitraum, z. B. zwei Jahre, mit folgenden inhaltlichen Überlegungen und Komponenten festgelegt werden:

- ausreichend Ressourcen (v. a. zeitliche Ressourcen)
- genaue Zeitpunkte, Dauer der einzelnen Audits
- verantwortliche Auditoren und weitere Auditoren, Hilfs- bzw. Fachkräfte
- geeignete Auditmethoden (u.a. Checklisten, Stichproben, Befragungen, Beobachtungen, Formblätter)
- Sichtung von vorangegangenen Audits, Managementberichten, Maßnahmen und Veränderungen in der zu auditierenden Organisation (siehe auch 4.1, 4.2 und 8.1.3)
- mögliche Auditrisiken (z. B. Zeit oder Eignung der Auditoren)

Ein Auditprogramm könnte wie in den beiden folgenden Abbildungen dargestellt aussehen.

ARBEITSHILFE ONLINE

Bereiche/ Prozesse	Auditziel	Auditmethoden		Auditor/in	Audit			
		Interview der Beschäftigten	Stichproben	Auswahl	Audittermin	Auditzeit	Auditdauer in Std.	Audithäufigkeit
Geschäftsführung	Ermittlung der Normkonformität zu Normkapitel 5 und 7	x	x	Mayer	03.09.2018	13.00 – 15.00	2,00	jährlich
Einkauf	Ermittlung der Prozessfähigkeit zu Prozess Beschaffung	x	x	Mayer	03.09.2018	15.15 – 17.00	1,75	jährlich

Bereiche/ Prozesse	**Auditziel**	**Audit-methoden**		**Audi-tor/in**	**Audit**			
		Interview der Beschäftigten	Stichproben	Auswahl	Audittermin	Auditzeit	Auditdauer in Std.	Audithäufigkeit
Vertrieb	Ermittlung der Normkonformität zu Normkapitel 9	x	x	Schulze	05.12.2018	08.30 – 10.30	2,00	jährlich
Personal-wesen	Ermittlung der Normkonformität zu Normkapitel 5 und 6	x	x	Schulze	05.12.2018	10.45 – 12.45	2,00	jährlich
Lager	Ermittlung der Prozessfähigkeit zu Prozess Not-fallplanung und Reaktion	x	x	Schulze	05.12.2018	13.45 – 15.15	1,50	jährlich
Qualitäts-sicherung	Ermittlung der Normkonformität zu Normkapitel 9	x	x	Schulze	05.12.2018	15.30 – 17.30	2,00	jährlich
Produktion Halle I	Ermittlung der Prozessfähigkeit zu Prozess Not-fallplanung und Reaktion	x	x	Huber	12.02.2019	07.00 – 10.00	3,00	jährlich
Produktion Halle II	Ermittlung der Normkonformität zu Normkapitel 10	x	x	Huber	12.02.2019	10.15 – 12.15	2,00	jährlich
Produktion Halle III	Ermittlung der Normkonformität zu Normkapitel 8	x	x	Huber	12.02.2019	13.15 – 15.15	2,00	jährlich

Abb. 99: Auditprogramm

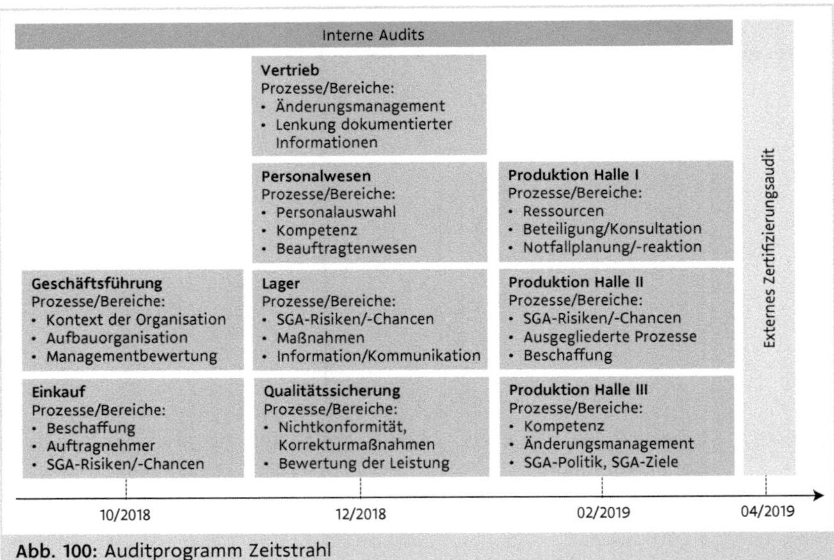

Abb. 100: Auditprogramm Zeitstrahl

Es ist möglich, nicht nur interne Audits aufzuzeigen, auch Lieferanten- und Zertifizierungsaudits sollten mit aufgenommen werden. Auditprogramme unterliegen ständiger Überprüfung, Bewertung und ggf. Verbesserung und Weiterentwicklung im Sinne der Auditziele.

Nach der Erstellung des Auditprogramms erfolgt die eigentliche Auditvorbereitung, in der Dokumente geprüft, Auditkriterien festgelegt, ggf. Auditchecklisten entwickelt und Auditpläne erstellt werden (vgl. Koubek, 2015, S. 269).

Mögliche Dokumente, die vorab geprüft werden können, sind Politik, Ziele, Aufbaustrukturen z. B. in Form von Organigrammen, Prozessen und mit den Prozessen in Verbindung stehenden mitgeltenden Unterlagen. Auch Aufzeichnungen zu Vorfällen, die Managementbewertung und die letzten Auditberichte sollten in die Dokumentenprüfung mit einbezogen werden.

Bei dieser Prüfung orientiert man sich an den Auditzielen und -kriterien und betrachtet die damit verbundenen Themen zirkulär. Das bedeutet, dass verschiedene, mit dem jeweiligen Thema in Zusammenhang stehende Dokumente geprüft werden. Beispielsweise könnte in der Baubranche ein Auditziel der Umgang mit Fremdfirmen sein. So gilt es in erster Linie, diesen Prozess zu sichten, d. h.

- Vorfälle zu betrachten, in die Fremdfirmen einbezogen waren,
- ggf. stichprobenartig mit Fremdfirmen in Kontakt zu treten, ob sich Vorfälle auf der zu begutachtenden Baustelle ereignet haben,

- Gefährdungsbeurteilungen von Fremdfirmen zu sichten und
- Unterweisungsdokumente bzw. -nachweise einzusehen.

Dabei sind alle Dokumente auf Vollständigkeit bzgl. der Normanforderungen und auf Aktualität zu prüfen. Besonderer Wert muss darauf gelegt werden, dass diese inhaltlich richtig sowie in sich und in Beziehung zueinander stimmig sind.

Nach der Prüfung der Dokumente kann der Auditplan für das anstehende Audit nach Auditprogramm erstellt werden. Einbezogen werden sollen die Erkenntnisse der Dokumentenprüfung, die im Auditprogramm vorgegebenen Auditziele und Auditkriterien, die einander oftmals bedingen bzw. voneinander abgeleitet werden. Aufgrund der Auditkriterien ergeben sich die notwendigen Auditmethoden. Betrachten wir beispielsweise die Vollständigkeit und das Verständnis von Unterweisungen der Beschäftigten von Fremdfirmen, werden notwendige Methoden das Prüfen der Dokumente vor Ort sein. Dazu könnte man die Anzahl und die Namen der Beschäftigten der Fremdfirma anfragen und stichprobenartig das Gespräch mit einigen Fremdfirmenbeschäftigten suchen.

Termine (genaues Datum), Dauer (Länge inkl. Pausen und Zeitpuffer) und Orte (Baustellen, Produktionsabteilungen, Besprechungsräume) der Audittätigkeit müssen ebenso geplant werden.

ARBEITSHILFE ONLINE

Auditplan 2018

Bereich/ Prozess	**Standort**	**Datum**	**Zeit**	**Dauer in Std.**	**Auditor/en**	**Häufigkeit**
Einkauf	München	03.09.2018	15:15 – 17:00	1,75	Mayer	jährlich
Involvierte Beschäftigte/Führungskräfte:		Gruber, Schmidt, Hoffmann				

Ergebnisse vorhergehender Audits					**Auditmethoden**				
Abweichungen/Feststellungen gesamt	**Abweichungen/Feststellungen noch offen**	**Maßnahmen gesamt**	**Maßnahmen noch offen**	**Befragung der Beschäftigten**	**Stichproben**	**weitere Methoden**	**weitere Methoden**	**weitere Methoden**	**weitere Methoden**
10	3	10	2	x	x				
Normelemente									
6.1.2 Ermittlung von Gefährdungen und Bewertung von Risiken und Chancen									
7.1 Ressourcen									
7.4 Kommunikation									
8.1.4 Beschaffung									
10.2 Vorfall, Nichtkonformität und Korrekturmaßnahmen									

Abb. 101: Auditplan

Bei größeren Organisationen sind mehrere Auditoren notwendig, die dann auch von einem leitenden Auditor geführt werden, der in der Regel die Auditprogramme und -pläne erstellt, die Aufgabenzuteilung festlegt, die Auditoren unterstützt und diese und den gesamten Ablauf der Audits kontrolliert. Für die jeweiligen Auditoren ist grundlegendes Wissen nach ISO 19011 und spezifisches branchenbezogenes Wissen notwendig.

Der leitende Auditor wird die notwendigen Arbeitsdokumente (Checklisten, Formblätter und Handlungshilfen) sowie die Dokumente, die innerhalb der Audits erzeugt wurden, sichern und aufbewahren und unter anderem daraus einen Auditbericht erstellen.

Der erstellte Auditablauf sollte der zu auditierenden Organisation mitgeteilt werden und könnte wie folgt aussehen:

ARBEITSHILFE ONLINE

Ablaufplan 14.05.2018				
Zeit:	**Ort/Raum**	**Bereich**	**Teilnehmer:**	**Auditor**
09:00-11:30 Uhr	Raum 102	Oberste Leitung	Geschäftsführung	Herr Huber
11:30-12:00 Uhr		Mittagspause		
12:00-17:00 Uhr	Produktionshalle 1	Produktion	Frau Müller	Herr Huber

Ablaufplan 16.05.2018				
Zeit:	**Ort/Raum**	**Bereich**	**Teilnehmer:**	**Auditor**
09:00-10:00 Uhr	Werkstatt 3	Instandhaltung	Herr Luber	Herr Huber
10:00-11:00 Uhr	Lager 4	Logistik	Herr Meyer	Herr Huber
11:00-12:00 Uhr	Raum 201	Qualität	Frau Forster	Herr Huber
12:00-12:30 Uhr		Mittagspause		
12:30-13:30 Uhr	Raum 321	Büro	Frau Schulze	Herr Huber
13:30-15:30 Uhr		Erstellen des Auditberichts durch Herrn Huber		
15:30-17:00 Uhr	Raum 102	Abschlussgespräch	Geschäftsführung	Herr Huber

Ort, Datum

Auditor: Herr Huber

Abb. 102: Auditablaufplan

Den genauen Auditplan (siehe Abb. 101) sollten nur die Auditoren kennen, da dort die zu auditierenden Kapitel dargestellt sind und die Organisation sich darauf nicht explizit vorbereiten sollte. Der Auditablauf hingegen sollte dem Verantwortlichen der Organisation oder Organisationseinheit am besten in einem schriftlichen Anschreiben mitgeteilt werden. Wichtige Bestandteile des Anschreibens sind:

- Datum, Uhrzeit, Orte und Zeitrahmen
- Ansprechpartner und Stellvertreter, weitere Personen
- Ziel des Audits (Die Botschaft muss sein: Es geht darum, Verbesserungspotenziale zu erkennen, und nicht darum, Fehler zu suchen und Schuldige dafür zu finden.)
- Rückmeldung mit Bestätigung, dass die ersten drei Punkte eingehalten werden können

Erhält der Auditor bzw. leitende Auditor die Bestätigung, dass das Audit wie geplant durchgeführt werden kann, ist die Auditvorbereitung abgeschlossen und die Auditdurchführung kann beginnen. Diese erfolgt durch eine Eröffnungsbesprechung, die folgende Aspekte beinhalten sollte:

- Begrüßung
- Vorstellen des leitenden Auditors
- Vorstellen der Auditoren
- Vorstellen der Beteiligten der zu auditierenden Organisation, insb. der obersten Leitung sowie der nachfolgenden Fach- und Führungskräfte
- Geltungsbereich, Auditgrundlagen und -ziele, Schwerpunkte des Audits

- Orte, Zeiten, Ablauf
- Berichterstattung und Abschlussgespräch

Entscheidend in diesem Gespräch ist das Vermitteln zwischen den Zeilen stehender Kriterien und das Aufnehmen potenzieller Hindernisse. Dazu gehören beispielsweise:

- Es beteiligen sich Personen am Audit, die der Auditor nicht explizit gefragt hat.
- Verhinderung des Agierens des Auditors (z.B. durch Diskussionen oder In-Frage-Stellen seiner Kompetenz).
- lange Monologe oder Präsentationen von Führungskräften oder anderen Teilnehmern am Audit
- lange Transportzeiten innerhalb der Organisation
- langes Suchen nach geforderten Dokumenten
- Unpünktlichkeit und Gefährdung des Einhaltens des Auditablaufs (s.o.)
- fehlende Grundmotivation der Teilnehmer am Audit
- latente Versuche, das Audit zu gefährden (z.B. durch lange Telefonate, plötzlich wichtige Termine oder lang ausgedehnte (Mittags-)Pausen)

Der Organisation muss vermittelt werden, dass das Audit abgebrochen wird, wenn es in seinem Ablauf nachhaltig gestört wird.

Es muss auch herausgestellt werden, dass das Audit die Möglichkeit bietet, noch besser zu werden. Diese Botschaft muss in vielen Organisationen öfter wiederholt werden, da in vielen Fällen Audits (auch das interne Audit) negativ besetzt sind.

Im Audit untersucht der Auditor in der betreffenden Organisation oder -einheit die Auditkriterien, die sich aus den Anforderungen der Norm, den vom SGAMS vorgegebenen Anforderungen und den gesetzlichen Verpflichtungen ergeben. Er trifft hierzu sachliche, objektive und vor allem belegbare Feststellungen, die einen Sachverhalt beschreiben. Dabei orientiert er sich am Auditplan und den damit verbundenen Auditzielen und -kriterien. Diese werden vom Allgemeinen (Thema, Prozesse) über Spezifika (Anweisungen, Formblätter) bis hin zu Details (Dokumente, Beobachtungen und Antworten auf Fragestellungen) zum einen zirkulär, zum andern auch von unterschiedlichen Akteuren und damit aus verschiedenen Perspektiven eingeholt.

!

Untersuchung von Arbeitsunfällen in der Pflegebranche

Untersucht ein Auditor beispielsweise den Prozess von Arbeitsunfällen, also Vorfällen, aber auch Beinaheunfällen in der Pflegebranche, wird er schon in der Dokumentensichtung den Prozess und die damit zusammenhängenden weiteren

Anweisungen und Dokumente sichten und vor allem die Unfallstatistik und ggf. das Verbandbuch begutachten.
Fallen dem Auditor Schwerpunkte wie z.B. Nadelstichverletzungen auf, die sowohl im Verbandbuch als auch in der Unfallstatistik erwähnt sind, wird er diesem Umstand im Audit vor Ort nachgehen. Die aufgeführten Beschäftigten, die zuständigen Führungskräfte und andere Beschäftigte werden diesbezüglich befragt.
Entsprechende Fragen könnten sein:

- an die zuständige Führungskraft: Wie ist bzgl. Nadelstichverletzungen unterwiesen worden? Bitte zeigen Sie mir die Nachweise.
- an betroffene Beschäftigte, die in der Unfallstatistik geführt wurden: Was ist Ihnen passiert? Wann ist das passiert? War das die einzige Verletzung in den letzten drei Jahren? Was müssen Sie bei einer solchen Verletzung tun?
- an einen betroffenen Beschäftigten, der im Verbandbuch geführt wurde: Was ist Ihnen passiert? Wann ist das passiert? Hatten Sie weitere gesundheitliche Probleme? War das die einzige Verletzung? Kennen Sie andere Kollegen, denen dasselbe passiert ist?

Durch solche vom Allgemeinen ins Detail gehende und zirkuläre Auditfragen sowie durch die Sichtung von Dokumenten und durch Beobachtungen mit Perspektivwechsel – auch zur Verifizierung – erhält der Auditor die notwendigen Belege, um Konformität oder Nichtkonformität mit rechtlichen Verpflichtungen oder dem SGAMS nachzuweisen. Beides – sowohl Konformität als auch Nichtkonformität – muss festgehalten, kommuniziert und dokumentiert werden. Oft vergisst man im Audit das Positive. Die angemessenen Prozesse und guten Lösungen für Konformität lässt man oft unerwähnt – möglicherweise auch ein Grund, dass viele Audits bzw. Auditoren kritisch oder zumindest skeptisch gegenübertreten.

Während der Auditdurchführung – insbesondere im Team – gilt es, den Auditleiter über den Fortschritt des Audits zu informieren, damit dieser ggf. nachsteuern kann. Die Auditplanung setzt die Bereitstellung von ca. 20% Pufferzeit für potenzielle Hindernisse voraus. Innerhalb des Auditteams erfolgt eine geplante Absprache, um über problematische, aber auch gut laufende Themen zu sprechen.

Die Auditergebnisse sind nachzubereiten. Zentral ist hierzu die Gegenüberstellung und der Abgleich von Auditkriterien, die Teil der Norm, einer rechtlichen Verpflichtung oder Vorgaben des SGAMS sind, und Auditnachweisen aus der Dokumentenprüfung, aus den Aussagen eines Beschäftigten oder aus einer Beobachtung (z.B. eines Fotos).

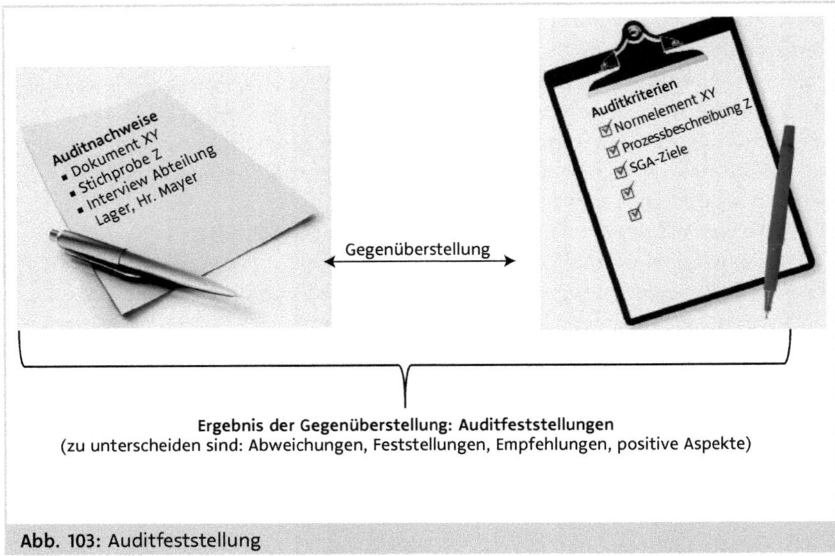

Abb. 103: Auditfeststellung

Beispiel

- Während eines Audits in der Baubranche arbeitete ein Beschäftigter der Organisation mit einem Gefahrstoff (Zwei-Komponenten-Lack), der in einem Gebinde von 20 l im Baucontainer lagerte. Im Gefahrstoffverzeichnis wurde dieser Gefahrstoff nicht geführt und der Beschäftigte wurde dazu nicht unterwiesen. Diese Auditnachweise wurden durch Beobachtungen (inkl. Fotos) des Auditors, Dokumentensichtung und Abgleich und Befragung zweier Beschäftigter erstellt.
- In der Kommunikationsbranche hat die Organisation in einer Abteilung mit »Desk Sharing« auf höhenverstellbare Tische mit Memorytaste umgestellt, damit physische Belastungen bzw. Risiken minimiert werden. Außerdem hat die Organisation wegen der neuen Aufenthaltsräumen und der neu eröffneten Kantine das Essen und Trinken an den Arbeitsplätzen verboten. Diese Vorgabe konnte man aus der Gefährdungsbeurteilung entnehmen. An verschiedenen Arbeitsplätzen fiel dem Auditor eine ergonomisch extrem ungünstige Haltung der Beschäftigten auf. Außerdem nahmen viele Callcenter-Agenten sowohl flüssige als auch feste Nahrung am Arbeitsplatz zu sich. Als Gründe nannten die Beschäftigten, über die Vorgaben nicht informiert zu sein bzw. dass andere Kollegen auch am Arbeitsplatz essen und trinken würden.

Aus allen Auditfeststellungen, also aus der Gegenüberstellung von Auditnachweisen und Auditkriterien, müssen nun Auditschlussfolgerungen gezogen werden. Wenn Auditkriterien erfüllt werden, Abläufe passen, Vorgaben eingehalten werden, sollte dies ebenso angesprochen werden (siehe Auditbericht).

In unseren beiden o.g. Fällen wäre jedoch eine Nichtkonformität nach 6.1.2, 6.1.3, 8.1.2 und 9.1.2 im Fall der Baubranche und in der Kommunikationsbranche eine Nichtkonformität nach 6.1.2, 7.3, 7.4 und 8.1.2 festzustellen.

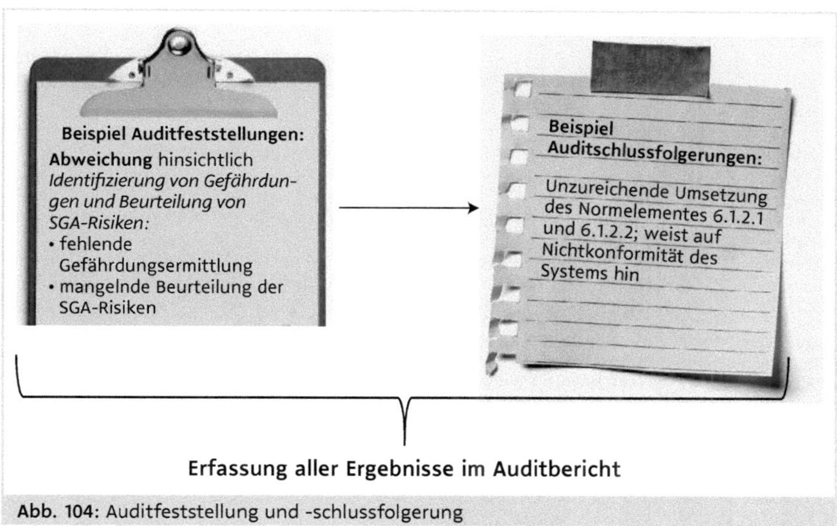

Abb. 104: Auditfeststellung und -schlussfolgerung

Mit den Gegenüberstellungen von Auditnachweisen aufgrund von Auditkriterien und den daraus entstandenen Auditfeststellungen sowie Auditschlussfolgerungen entsteht ein Auditbericht. Er wird zu einem vereinbarten Zeitpunkt an die vereinbarten internen Parteien verteilt und mit diesen besprochen. Im internen Audit können die einzelnen Themen intensiv besprochen werden. Eine Beratung durch die Auditoren kann ebenso erfolgen und im Maßnahmenplan können die festgelegten Maßnahmen dokumentiert werden.

ARBEITSHILFE ONLINE

Auditbericht 2018	
Normen	ISO 45001:2018
Unternehmen	Mustermann GmbH
Gegenstand des Unternehmens	Mustererstellung
Geschäftsführung	Herr Schulze
MB	Frau Huber
Zu auditierender Standorte/Prozesse	Musterstadt
Auditart	Systemaudit

Audithäufigkeit	Jährlich
Audittermin	09.09.2018
Auditdauer	5 Stunden
Auditor/in, Kontakt	Herr Müller 0000 / 12523568
Ausschlüsse	—
Verteiler	Gesamtes Unternehmen

Bewertung der Auditergebnisse

Einstufung	**Bedeutung**
Nicht-konformität/ Abweichungen	Nichteinhalten einer oder mehrerer Anforderungen der Normen Ein Zustand, der erhebliche Zweifel an der Fähigkeit des Managementsystems aufwirft, die beabsichtigten Ergebnisse zu erreichen
Feststellungen	Gesichtspunkte für eine Optimierung des Managementsystems in Bezug auf die entsprechende Normforderung
Konformität/positive Aspekte	Hervorzuhebende positive Aspekte des Managementsystems
Sonstige Empfehlungen	Sonstige Empfehlungen
Anmerkungen	Besondere Umstände Hinweise zur Verfolgung im nächsten Audit

ISO 45001:2018

Kapitel	4.1	4.2	4.3	4.4	5.1	5.2	5.3	6.1	6.2	7.1	7.2	7.3	7.4	7.5	8.1	8.2	9.1	9.2	9.3	10
auditiert	□	□	□	□	□	□	□	□	□	□	□	□	□	□	□	□	□	□	□	□
Bewertung																				

1 = Nichtkonformität/Abweichung | 2 = Feststellung | 3 = Konformität/positive Aspekte

Nr.	Nichtkonformität/Abweichungen	Bereich/Prozess	Norm

Nr.	Feststellungen	Bereich/Prozess	Norm

Nr.	Konformität/positive Aspekte	Bereich/Prozess	Norm

Nr.	Sonstige Empfehlungen	Bereich/Prozess	Norm

Nr.	Anmerkungen	Bereich/Prozess	Norm

....
Ort, den Datum

....
Auditor/-in: Vorname Name

Abb. 105: Auditbericht

Die Aufzeichnungen, die im Rahmen des Audits erstellt wurden, werden nicht vernichtet. Die Inhalte des Auditberichts inklusive der vereinbarten Maßnahmen sollten in der Managementbewertung berücksichtigt werden.

Auditfragen

- Hat die Organisation Auditprogramme geplant, durchgeführt und ausgewertet?
- Hat die Organisation für jedes Audit die Auditkriterien sowie den Umfang festgelegt?
- Hat die Organisation die Auditoren so ausgewählt, dass ihre Objektivität und Unparteilichkeit gewährleistet ist?
- Hat die Organisation sichergestellt, dass die Ergebnisse der Audits den relevanten Stellen zugetragen werden – insbesondere den Führungskräften?
- Hat die Organisation über die Auditprogramme und Ergebnisse der Audits dokumentierte Informationen?

Zusammenhänge mit anderen Normkapiteln

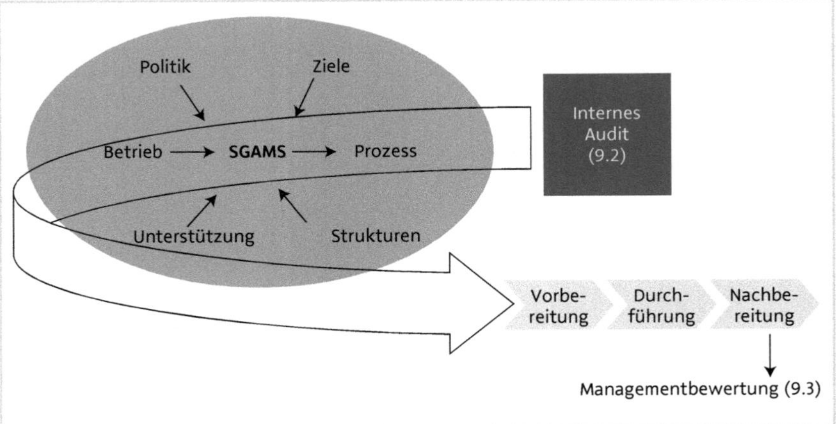

Abb. 106: Zusammenhänge des Normkapitels 9.2

9.4 Managementbewertung

!

9.3 Managementbewertung (DIN ISO 45001:2018)

Die oberste Leitung muss das SGA-Managementsystem der Organisation in geplanten Abständen bewerten, um dessen fortdauernde Eignung, Angemessenheit und Wirksamkeit sicherzustellen.

Die Managementbewertung muss folgende Aspekte behandeln:

a) den Status von Maßnahmen vorheriger Managementbewertungen;

b) Veränderungen bei externen und internen Themen, die das SGA-Managementsystem betreffen, einschließlich:
   1. der Erfordernisse und Erwartungen interessierter Parteien;
   2. rechtlicher Verpflichtungen und anderer Anforderungen;
   3. Risiken und Chancen;

c) das Ausmaß, in dem die SGA-Politik erfüllt und die SGA-Ziele erreicht wurden;

d) Informationen über die SGA-Leistung, einschließlich Entwicklungen bei:
   1. Vorfällen, Nichtkonformitäten, Korrekturmaßnahmen und fortlaufender Verbesserung;
   2. Ergebnissen von Überwachungen und Messungen;
   3. Ergebnissen der Bewertung der Compliance mit rechtlichen Verpflichtungen und anderen Anforderungen;
   4. Auditergebnissen;
   5. Konsultation und Beteiligung von Beschäftigten;
   6. Risiken und Chancen;

e) Angemessenheit der Ressourcen zur Aufrechterhaltung eines wirksamen SGA-Managementsystems;
f) die relevante Kommunikation mit interessierten Parteien;
g) Möglichkeiten zur fortlaufenden Verbesserung.

Die Ergebnisse der Managementbewertung müssen Entscheidungen enthalten zu:

- der fortdauernden Eignung, Angemessenheit und Wirksamkeit des SGA-Managementsystems beim Erreichen seiner beabsichtigten Ergebnisse;
- Möglichkeiten zur fortlaufenden Verbesserung;
- jeglichem Änderungsbedarf am SGA-Managementsystem;
- erforderlichen Ressourcen;
- Maßnahmen, falls erforderlich;
- Möglichkeiten, die Integration des SGA-Managementsystems mit anderen Geschäftsprozessen zu verbessern;
- jeglichen Auswirkungen auf die strategische Ausrichtung der Organisation.

Die oberste Leitung muss die relevanten Ergebnisse der Managementbewertungen den Beschäftigten und, wo vorhanden, deren Vertretern mitteilen (siehe 7.4).
Die Organisation muss dokumentierte Information als Nachweis der Ergebnisse der Managementbewertungen aufbewahren.

Leitfrage: Wurde das SGAMS bewertet und wurden die nach der Norm geforderten und wichtigsten Aspekte berücksichtigt?

Zunächst müssen im SGAMS Intervalle (z.B. jährlich) zur Bewertung des SGAMS festgelegt werden. Dabei werden vorherige Managementbewertungen und neue externe und interne Themen von interessierte Parteien berücksichtigt (z.B. rechtliche Verpflichtungen, neue Risiken und Chancen aufgrund eines neuen Schichtmodels in der Pflege oder »Open Space«-Büros in der Kommunikationsbranche). Die Zielerreichung der SGA-Ziele (insb. Ergebnisse von Überwachungen und Messungen) und Erfüllung der SGA-Leistung insgesamt fließt in die Managementbewertung ein. Bei der SGA-Leistung werden auch Vorfälle (Arbeitsunfälle, AU-Tage, Beinahe-Unfälle, Unzufriedenheit, Beschwerden, unsichere und ungesunde Arbeitssituationen), Nichtkonformitäten des SGAMS und notwendige Korrekturmaßnahmen beachtet. Ergebnisse der Bewertung der Übereinstimmung mit rechtlichen Verpflichtungen und anderen Anforderungen sind ebenso wichtige Bestandteile der Managementbewertung wie die Ergebnisse von externen und internen Audits, die Quantität und Qualität von Konsultation und Beteiligung von Beschäftigten, wenn sie nicht ohnehin schon in die Zielerreichung einfließen. Berücksichtigung findet auch die kritische Auseinandersetzung mit dem Einsatz von Ressourcen, mit der Kompetenzentwicklung und mit relevanter Kommunikation mit interessierten Parteien. Durch die Dokumentation der Managementbewertung ergibt sich die Möglichkeit der Kommunikation und Nachweisführung für Audits und damit für die Zertifizierung. In Abb. 107 ist eine mögliche Darstellungsform einer Managementbewertung zu sehen.

ARBEITSHILFE ONLINE

Managementbewertung 2018

	Thema	Ziel	Erreichung	Erklärung	Maßnahme	Verantwortlicher	Termin
1	AU-Tage	Reduzierung der Fehlzeitenquote < 2,00 %	**Ziel nicht erfüllt:** Fehlzeitenquote: 3,2 %	Im Februar/ März waren erhöhte Fehlzeiten zu verzeichnen aufgrund einer Grippewelle.	Grippeschutzimpfung wird angeboten.		
2	Arbeitszufriedenheit	Arbeitszufriedenheit verbessern	**Ziel erfüllt:** Beschäftigtenbefragung positiv ausgefallen				
3	Unterweisung	Beschäftigte müssen zweimal im Jahr zu den Unterweisungsthemen (Kompetenzmatrix) unterwiesen werden.	**Ziel erfüllt:** Unterweisungen durchgeführt				
4	Beteiligung der Beschäftigten	Erhöhung der Meldung von Mängeln, Risiken und Chancen um 10 %	**Ziel nicht erfüllt:** Die Meldung von Mängeln, Risiken und Chancen hat sich um nur 8,2 % erhöht	positiver Trend	Bei Besprechungen und Gesprächen wird auf diese Möglichkeit intensiver eingegangen.		

Abb. 107: Teil einer Managementbewertung – SGA-Ziele – SGA-Leistung

Auditfragen

- Hat die Organisation das SGAMS in geplanten, also definierten Abstände bewertet und wurden u.a. folgende Aspekte berücksichtigt?
  - Status der Maßnahmen
  - Veränderungen
  - Erreichung von SGA-Zielen und -Politik
  - Information über SGA-Leistung
  - angemessene Ressourcen für das SGAMS
  - relevante Kommunikation mit interessierten Parteien
  - Möglichkeiten der fortlaufenden Verbesserung

- Enthält die Managementbewertung Entscheidungen über die oben angesprochenen Aspekte (was zu tun ist hinsichtlich Angemessenheit und Wirksamkeit, fortlaufender Verbesserung usw.)?
- Hat die Organisation die relevanten Ergebnisse der Managementbewertung den Beschäftigten und ggf. deren Vertretern mitgeteilt?
- Hat die Organisation dokumentierte Informationen darüber aufbewahrt?

Zusammenhänge mit anderen Normkapiteln

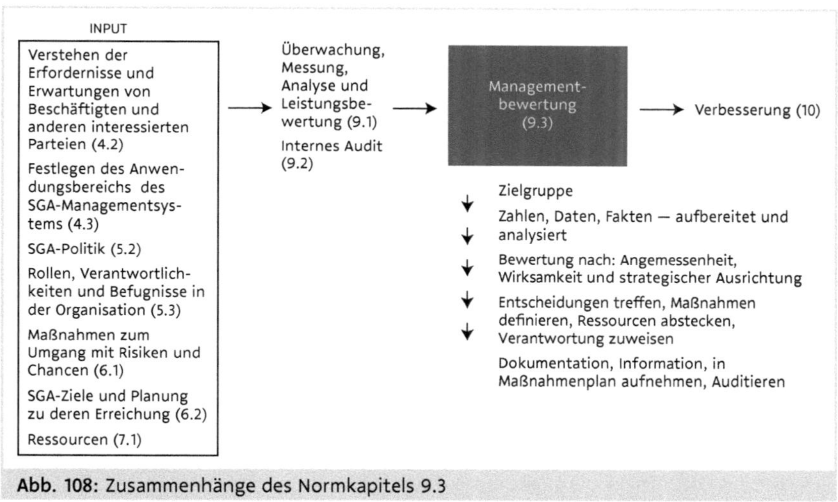

Abb. 108: Zusammenhänge des Normkapitels 9.3

10 Verbesserung

10.1 Allgemeines

10 Verbesserung (DIN ISO 45001:2018) !

10.1 Allgemeines
Die Organisation muss Möglichkeiten zur Verbesserung (siehe Abschnitt 9) bestimmen und notwendige Maßnahmen durchführen, um die beabsichtigten Ergebnisse ihres SGA-Managementsystems zu erreichen.

Aufgrund von Messungen, Analysen und Nichtkonformitäten, aber auch von Veränderungen im rechtlichen Bereich oder im Arbeitssystem und deren Bewertung müssen Möglichkeiten zur Verbesserung erarbeitet und umgesetzt werden, damit das SGAMS wirksamer wird. Diese Normforderung wurde schon im Kapitel 9 angesprochen. Weiteres zur Verbesserung folgt in den nächsten beiden Kapiteln.

Auditfragefrage: Hat die Organisation Möglichkeiten zur Verbesserung bestimmt und notwendige Maßnahmen umgesetzt, um die beabsichtigten Ergebnisse des SGAMS zu erreichen?

10.2 Vorfall, Nichtkonformität und Korrekturmaßnahme

10.2 Vorfall, Nichtkonformität und Korrekturmaßnahmen (DIN ISO 45001:2018) !

Die Organisation muss Prozesse festlegen, umsetzen und aufrechterhalten, die Berichterstattung, Untersuchung und Ergreifung von Maßnahmen umfassen, um Vorfälle und Nichtkonformitäten zu bestimmen und zu behandeln.
Wenn ein Vorfall oder eine Nichtkonformität auftritt, muss die Organisation:

a) rechtzeitig auf den Vorfall oder die Nichtkonformität reagieren und, falls zutreffend:
   1. Maßnahmen zur Überwachung und zur Korrektur ergreifen;
   2. mit den Folgen umgehen;
b) unter Beteiligung der Beschäftigten (siehe 5.4) und Einbeziehung anderer relevanter interessierter Parteien, die Notwendigkeit von Korrekturmaßnahmen zur Beseitigung der Ursachen von Vorfällen oder Nichtkonformitäten bewerten, damit diese nicht erneut oder an anderer Stelle auftreten, und zwar durch:
   1. Untersuchen des Vorfalls oder Überprüfen der Nichtkonformität;
   2. Bestimmen der Ursachen des Vorfalls oder der Nichtkonformität;

3. Bestimmen, ob vergleichbare Vorfälle aufgetreten sind, Nichtkonformitäten bestehen oder diese möglicherweise auftreten könnten;

c) die bestehenden Bewertungen von SGA-Risiken und anderen Risiken, soweit angemessen (siehe 6.1), überprüfen;

d) jegliche erforderlichen Maßnahmen, einschließlich Korrekturmaßnahmen, bestimmen und durchführen, in Übereinstimmung mit der Maßnahmenhierarchie (siehe 8.1.2) und dem Änderungsmanagement (siehe 8.1.3);

e) vor dem Ergreifen von Maßnahmen die SGA-Risiken bewerten, die sich auf neue oder geänderte Gefährdungen beziehen;

f) die Wirksamkeit jeglicher ergriffener Maßnahme, einschließlich Korrekturmaßnahmen, überprüfen;

g) sofern erforderlich, das SGA-Managementsystem ändern.

Korrekturmaßnahmen müssen den Auswirkungen oder möglichen Auswirkungen der aufgetretenen Vorfälle oder Nichtkonformitäten angemessen sein.
Die Organisation muss dokumentierte Information aufbewahren, als Nachweis:

- der Art der Vorfälle oder Nichtkonformitäten sowie jeglicher daraufhin getroffenen Maßnahmen;
- der Ergebnisse jeder Maßnahme und Korrekturmaßnahme, einschließlich ihrer Wirksamkeit.

Die Organisation muss diese dokumentierte Information den betroffenen Beschäftigten und, wo vorhanden, deren Vertretern sowie anderen relevanten interessierten Parteien übermitteln.

Leitfrage: Gibt es einen Prozess zur Handhabung von Vorfällen, Nichtkonformitäten, Verbesserungen und den darauf folgenden angemessenen (Korrektur-)Maßnahmen inklusive Dokumentationen?

Ein Prozess zur Handhabung von Vorfällen und Nichtkonformitäten einschließlich der Berichterstattung, Untersuchung und Ergreifung von Maßnahmen muss etabliert werden. Der Prozess soll ein standardisiertes Vorgehen zur Erfassung, Behebung und Prävention von Vorfällen und Nichtkonformitäten sein. Es muss rechtzeitig auf Vorfälle oder Nichtkonformitäten reagiert werden. In der folgenden Abbildung findet man beschrieben, wie auf Unfälle, Erkrankung, Beinaheunfälle, hohe Gefährdung/Risiken, Nichtkonformität, mögliche Erkrankungen oder leichte Verletzungen reagiert werden soll.

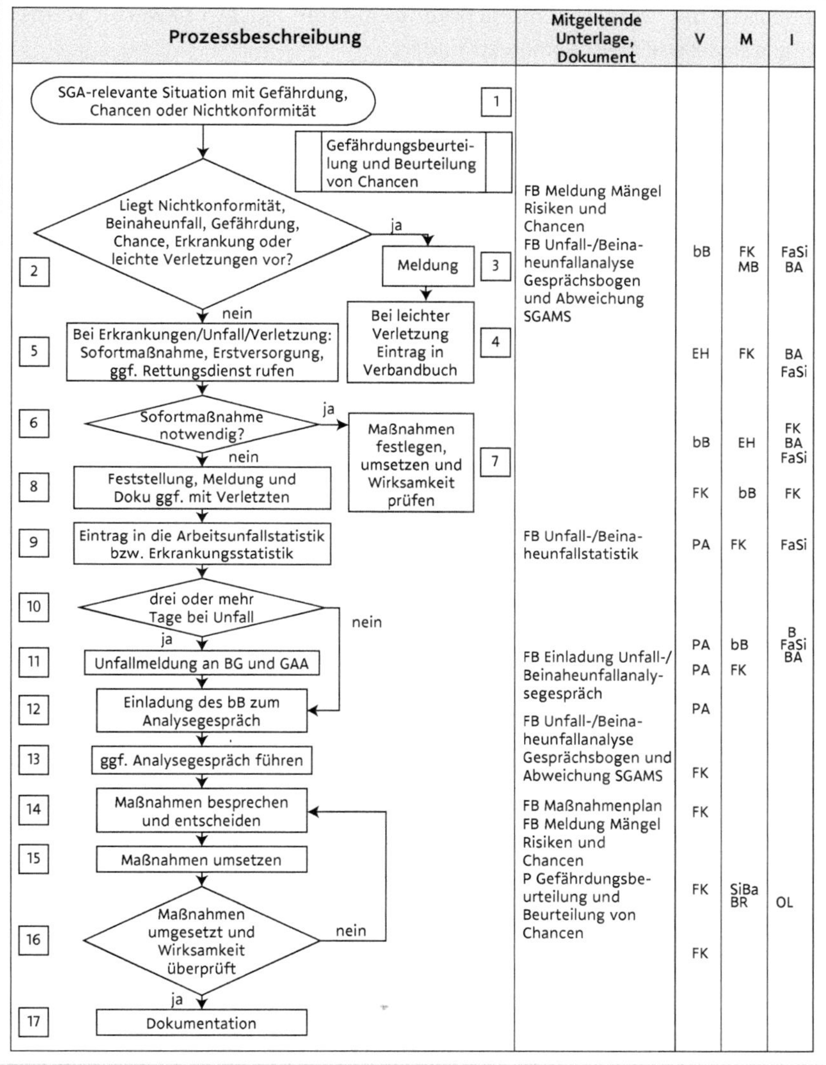

Abb. 109: Prozess »Vorfalluntersuchung bei Nichtkonformität und Korrekturmaßnahmen«

Zu allen Vorfällen oder Nichtkonformitäten müssen Sofortmaßnahmen und Korrekturmaßnahmen gefunden, eingeleitet und hinsichtlich ihrer Wirksamkeit überprüft werden. Bei den Sofortmaßnahmen muss darauf geachtet werden, dass keine weiteren Gefährdungen durch diese Sofortmaßnahmen entstehen bzw. dass weitere Gefährdungen durch Sofortmaßnahmen reduziert werden.

Die Risiken bei Vorfällen und Nichtkonformitäten müssen bewertet werden, um angemessene Maßnahmen zu finden.

Im Mittelpunkt steht jedoch, die Ursachen für die Vorfälle und für Nichtkonformität zu finden. Dabei müssen alle interessierten Parteien und die Beschäftigten beteiligt werden. Durch die Beteiligung von Beschäftigten (siehe 5.4) sowie durch Kompetenz- und Bewusstseinsbildung (siehe auch 7.2 und 7.3) wird die Basis dafür gelegt, dass sich Beschäftigte und andere interessierte Parteien beteiligen. Ein Formblatt »Meldung von Mängeln/Risiken und Chancen«, wie in Abb. 38 dargestellt, ermöglicht eine strukturierte Beteiligung.

In die SGA-Ziele könnte die Anzahl der Meldungen (Schritt 3, siehe Abb. 109 »Prozess ›Vorfalluntersuchung bei Nichtkonformität und Korrekturmaßnahmen‹«) als Ziel aufgenommen werden. Dazu ist es notwendig, dass Verbesserungen, Vorfälle und Nichtkonformitäten statistisch erfasst werden. Liegen Erkrankungen, Verletzungen oder Arbeitsunfälle vor, werden diese ohnehin statistisch erfasst. Wie Unfälle und Beinaheunfälle erfasst werden, kann der Abb. 110 entnommen werden (Schritt 9).

ARBEITSHILFE ONLINE

Unfall-/Beinaheunfallstatistik

											Zuordnung		
Nr.	**Name**	**Vorname**	**Unfalldatum**	**Tag**	**Zeit**	**Art der Verletzung**	**Verletzte Körperteile**	**Ursache**	**AU-Tage**	**Ersthelfer/in**	**Unfall**	**Beinaheunfall**	**Bemerkung**
1	Mustermann	Max	01.02.20XX	Dienstag	12.00 - 18.00	Schnitt-, Stich-, Schürf-, Platzwunde	Hand	mangelhafte Arbeitsmittel	7	XY		x	
2													
3													
4													
5													
6													
7													
8													
9													
10													

Abb. 110: Unfall-/Beinaheunfallstatistik

Verletzungen mit weniger als drei AU-Tagen werden in der Regel in Verbandbüchern gespeichert und ggf. ausgewertet. AU-Tage, die durch Erkrankungen und Unfälle bzw. Verletzungen entstehen, werden an anderen Stellen z. B. der Personalabteilung erfasst. Entscheidend ist jedoch nicht nur das Erfassen, sondern die Analyse von Vorfällen und Nichtkonformitäten (insbesondere für Unfälle, Beinaheunfälle, Verletzungen und Erkrankungen).

Am Beispiel des Unfalls soll dies intensiver erläutert werden. Um eine möglichst wahrheitsgemäße Analyse zu ermöglichen, ist es notwendig, von Anfang an Vertrauen zum Verunfallten aufzubauen. Kompetenz- und Bewusstseinsbildung (7.2 und 7.3), aber auch Führung und Beteiligung (5.1, 5.3 und 5.4) können hierzu ihren Beitrag leisten. Eine Einladung zu einem Unfall-/Beinaheunfallanalysegespräch (siehe folgende Abb. 111) könnte das Vertrauen weiter steigern und zu einer möglichst effizienten Ursachenanalyse als Grundlage einer höchstwirksamen Maßnahme beitragen (Schritt 12).

ARBEITSHILFE ONLINE

Einladung zum Unfall-/Beinaheunfallanalysegespräch

Sehr geehrter betroffener Mitarbeiter,
am [Datum] sind Sie leider verunfallt/beinahe verunfallt/haben Sie sich verletzt. Danke, dass Sie an der Dokumentation der Unfall-/Beinaheunfallmeldung mitgewirkt haben.
Unserer Organisation liegt sehr viel daran, dass jeder Beschäftigte sicher und gesund arbeiten kann. Damit wir noch sicherere und gesündere Arbeitsbedingungen schaffen können und weder Sie noch Ihre Kollegen in Zukunft in solch eine Situation kommen, möchte ich gerne mit Ihnen ein Gespräch führen.
Ziel des Gesprächs ist es, Verbesserungsmöglichkeiten mit Ihnen zu besprechen.
Sie können gerne eine Person Ihres Vertrauens (z.B. Sicherheitsbeauftragter, Betriebsrat usw.) mit hinzuziehen.
Folgende Termine möchte ich Ihnen anbieten:

- ...
- ...
- ...

Ich freue mich auf ein Gespräch mit Ihnen.
Ihre Führungskraft

Abb. 111: Einladung zum Unfall-/Beinaheunfallanalysegespräch

Der folgende Gesprächsleitfaden könnte dabei eine notwendige Struktur geben, um möglichst wenige Aspekte unberücksichtigt zu lassen (Schritt 13, Abb. 109 »Prozess ›Vorfalluntersuchung bei Nichtkonformität und Korrekturmaßnahmen‹«).

Verbesserung

ARBEITSHILFE ONLINE

1. Firma:			
2. Abteilung:	□ Produktion	□ Verwaltung	
3. Mitarbeiter/-in:			
4. Beschäftigt in/als:	□ Produktion	□ Verwaltung	□ Führungskraft
	□ Techn. Dienst	□ Auszubildende /-r	

5. Alter:	□ bis 20	□ 21–30	□ 31–40	□ 41–50	□ 51– 60	□ 61+

6. Tätig seit … Jahren:			
7. Gesprächsdatum:			
8. Teilnehmer am Gespräch:			
9. Unfalldatum:			
10. Arbeit sofort eingestellt?	□ Ja □ Nein	11. AU-Tage (verbunden mit dem Unfall)	

12. Wann ist der Unfall passiert?

Montag	Dienstag	Mittwoch	Donnerstag	Freitag	Samstag	Sonntag
□	□	□	□	□	□	□

6.00–9.00	9.00–12.00	12.00–15.00	15.00–18.00	18.00–21.00	21.00–24.00	00.00–03.00	03.00–06.00
□	□	□	□	□	□	□	□

13. Was ist verletzt?

13.1 Verletzungsart

□	Prellungen, Quetschungen, Brüche, Stauchungen, Bänder-/Muskel-/Sehnenverletzungen		
□	Schnitt-, Stich-, Schürf-, Platzwunden		
□	Verbrennungen	□	Verätzungen
□	Alle Unfälle mit Infektionsgefährdung	□	Augenverletzungen
□	Wegeunfall intern	□	Wegeunfall extern
□	Sonstiges:		

13.2 Verletztes Körperteil

□	Kopf	□	Auge	□	Rücken
□	Schulter, Arm, Hand, Finger	□	Brust	□	Bauch
□	Becken	□	Bein	□	Fuß, Zeh
□	Sonstiges:				

14. Wo ist der Unfall passiert? (genauester Ort, Ortsbeschreibung)

15. Wie ist der Unfall passiert? (genaue Ursachennennung siehe auch 15.1. ff.)

15.1 Nennung von Gefährdungsfaktoren
(z.B. schwere körperliche Arbeit (physisch), Stürzen/Stolpern/Ausrutschen (mechanisch), elektrischer Schlag (elektrisch), Hautkontakt mit Gefahrstoffen (Arbeits- und Gefahrstoffe), Brandgefahr durch Feststoffe/Flüssigkeiten/Gase (Gefährdung durch Brände/Explosionen), Menschen/Tiere (biologisch), Hitze/Kälte/Lärm (physikalisch), Arbeitszeitregelungen/Konflikte (psychisch und sozial))

15.2 Gefahrbringende Bedingungen
(Zustand des Arbeitsmittels, Einweisung in das Arbeitsmittel, sachgemäßer Umgang, Fehlen der Sicherheitsanweisung, Zeitdruck, ständige Überstunden)

15.3 Leistungsvoraussetzungen
(fehlende Qualifikation, gesundheitliche Einschränkung (physisch, psychisch), Müdigkeit, Unzufriedenheit, Suchtmittel)

15.4 Begünstigende Bedingungen
(siehe auch 15.2)

Verbesserung

16. Wie wurde die Verletzung erstversorgt?
(z. B. Verbandmittel, Ersthelfer, Rettungsdienst, Eintragung ins Verbandbuch)

17. Was kann/sollte verändert werden, damit Ihnen und Ihren Kollegen solch ein Unfall nicht mehr passiert?

18. Bestehen gesundheitliche Folgeschäden?

19. Hat eine Arbeitsplatzbegehung stattgefunden?	□ Ja	□ Nein

Name, Unterschrift Mitarbeiter	Name, Unterschrift Gesprächsteilnehmer

Abb. 112: Unfall-/Beinaheunfallanalyse und Abweichung zum SGAMS – Gesprächsbogen

Maßnahmen werden unter Berücksichtigung der Bewertung der Risiken in Verbindung mit den Vorfällen festgelegt (Schritt 14, siehe Abb. 112), Verantwortliche werden benannt und die Wirksamkeit wird überprüft inklusive der Prüfung von Wechselwirkungen. Die Maßnahmen werden in die Gefährdungsbeurteilung und die Beurteilung von Chancen integriert und in den schon bekannten Maßnahmenplan (siehe 6.1) eingefügt (Schritt 15), um auch Verbindungen zu den Zielen darzustellen. Nach der Wirksamkeitskontrolle erfolgt eine Dokumentation. Den interessierten Parteien werden entsprechende Informationen übermittelt (Schritte 16 und 17).

Auditfragen

- Hat die Organisation einen Prozess festgelegt, verwirklicht und aufrechterhalten, der die Handhabung von Vorfällen, Nichtkonformitäten, Verbesserungen und die darauffolgenden angemessenen (Korrektur-)Maßnahmen inklusive Dokumentation berücksichtigt?
- Hat die Organisation rechtzeitig auf den Vorfall oder die Nichtkonformität reagiert und Maßnahmen ergriffen?

- Hat die Organisation unter Beteiligung der Beschäftigten und Einbeziehen anderer interessierter Parteien durch Untersuchen den Vorfall und die Nichtkonformität bewertet?
- Hat die Organisation erforderliche Maßnahmen (inklusive Änderung des SGAMS) ergriffen und die Wirksamkeit vor und nach den Maßnahmen bestimmt?

10.3 Fortlaufende Verbesserung

10.3 Fortlaufende Verbesserung (DIN ISO 45001:2018)

!

Die Organisation muss die Eignung, Angemessenheit und Wirksamkeit ihres SGA-Managementsystems fortlaufend verbessern durch:

a) das Steigern der SGA-Leistung;
b) das Fördern einer Kultur, die ein SGA-Managementsystem unterstützt.
c) das Fördern der Beteiligung der Beschäftigten an der Durchführung von Maßnahmen zur fortlaufenden Verbesserung des SGA-Managementsystems.
d) die Vermittlung der relevanten Ergebnisse der fortlaufenden Verbesserung an die Beschäftigten und, wo vorhanden, deren Vertreter.
e) das Aufrechterhalten und Aufbewahren dokumentierter Information als Nachweis der fortlaufenden Verbesserung.

Leitfrage: Gibt es einen Prozess zur fortlaufenden Verbesserung?

Durch die fortlaufende Verbesserung wird der PDCA-Zyklus geschlossen (siehe 0.4).

Ein expliziter Prozess mit Vorgaben ist hier nicht notwendig. In erster Linie ist entscheidend, den Zyklus komplett zu durchlaufen, wobei der Kreislauf nie beendet werden kann, da sich sowohl das SGAMS als auch die Arbeitssysteme unter den Aspekten von Sicherheit und Gesundheit bei der Arbeit immer weiter verbessern können (siehe auch Veränderungen im Arbeitssystem, u.a. Kap. 8.1.3).

Bewusst verzichtet die Norm auf den Begriff »kontinuierlich«, wie man ihn von früheren Normen, insbesondere den Qualitätsnormen, und vom »kontinuierlichen Verbesserungsprozess« (KVP) kennt. Der Begriff »fortlaufend« soll aufzeigen, dass die Systeme immer verbessert werden können, zum Beispiel bei Veränderungen, bei Erneuerungen oder durch Erkenntnisse bei internen Audits oder Hinweise und Vorschläge der Belegschaft. Es wird also immer wieder Situationen und Zeitpunkte geben, die zur Verbesserung anregen. Es soll aber nicht die Notwendigkeit bestehen, ständig und kontinuierlich an Verbesserungen denken und diese sofort umsetzen zu müssen.

Bei Bedarf können Verbesserungsmethoden eingesetzt werden. Manche Themen in der Organisation werden auch in Form einen Programms (z.B. »Achte auf deinen Rücken«, Programme zur Verhinderung von Schnittverletzungen) aufbereitet, implementiert, um noch mehr SGA zu erreichen. Dadurch soll die SGA-Leistung erhöht werden, die durch die Wirksamkeit der Prävention von Verletzungen und Erkrankungen und durch die Bereitstellung von sicheren und gesunden Arbeitsbedingungen bestimmt ist.

Klassische Verbesserungsmethoden, die auch im SGA genutzt werden können, sind:

- Ordnung und Sauberkeit (5-S-Methode bzw. 5-A-Methode; vgl. Montag, 2018)
- Aufmerksamkeit erhöhen und Wissen vermitteln, durch Sicherheitskurzgespräche (vgl. BG RCI, 2018)
- Beschäftigte einbeziehen durch Sicherheits- und Gesundheitszirkel (siehe 5.4)
- Bewusstsein stärken durch Aktionen, z.B. Nutzung von PSA (Unterweisung, Plakate, Sicherheits- und Gesundheitstag)

Die einfache und notwendige Umsetzung der Verbesserungsmaßnahmen, aber auch die Umsetzung und Nutzung der Erkenntnisse aus zusätzlichen Verbesserungsprogrammen (s.o.) müssen den Beschäftigten und, falls vorhanden, deren Vertretern mitgeteilt werden und als dokumentierte Information und damit als Nachweis der Ergebnisse fortlaufender Verbesserungen aufbewahrt werden.

Auditfragen

- Hat die Organisation die Eignung, Angemessenheit und Wirksamkeit ihres SGAMS fortlaufend verbessert?
- Verbessert sie dabei die SGA-Leistung, fördert sie die SGA-Kultur und die Beteiligung der Beschäftigten, kommuniziert sie Verbesserungen und führt Nachweise?

Zusammenhänge mit anderen Normkapiteln

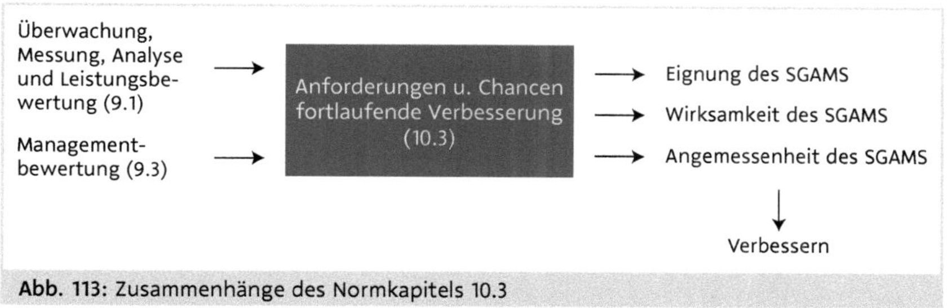

Abb. 113: Zusammenhänge des Normkapitels 10.3

11 Die zehn wichtigsten Hinweise zum Aufbau eines Managementsystems für Sicherheit und Gesundheit bei der Arbeit

Im vorliegenden Buch wurde die Norm komplett abgebildet, erläutert und mit Beispielen versehen. Die zahlreichen Abbildungen helfen, diese Norm in Form eines Managementsystems umzusetzen. Wichtige Dokumente sind auch in den Online-Arbeitshilfen bereitgestellt.

ARBEITSHILFE ONLINE

Nun kann die eigentliche Arbeit beginnen: Das bestehende Managementsystem kann an die Norm angeglichen oder ein komplett neues Managementsystem kann aufgebaut werden.

Folgende Aspekte sollten dabei besondere Beachtung finden:

11.1 Auftragsklärung

Mit der obersten Leitung ist detailliert abzuklären, wie der Auftrag genau lautet. Gilt es, das Managementsystem eigenverantwortlich weiterzuentwickeln oder das Managementsystem mit QMB, FASI, BA und/oder anderen Personen neu aufzubauen? Wer trägt die Teil- oder Hauptverantwortung? Soll das SGA im IMS (integriertes Managementsystem) nur unterstützt oder soll der Bereich SGA ins bestehende IMS integriert werden?

Es handelt sich hier um sehr unterschiedliche Aufgabenstellungen. Deshalb sollte detailliert als Auftrag formuliert werden, was zu tun ist. Die Aufgabenstellung ist eng mit den notwendigen Ressourcen verknüpft.

11.2 Klärung der Ressourcen

Sowohl die zeitlichen und materiellen Ressourcen als auch die Kompetenzressourcen sind im Vorfeld genau zu bestimmen (siehe hierzu auch Kap. 7). Es ist sinnvoll, einen Puffer von 20% einzubeziehen.

Viele machen den Fehler, sich unreflektiert in die Arbeit zu stürzen. Die Akteure sind motiviert, starten und stellen bald fest, dass zum einen die Kompetenz nicht ausreicht und zum anderen viel mehr zeitliche Ressourcen notwendig wären, um weiterzukommen.

11.3 Klärung ausreichender Kompetenzen

Insbesondere derjenige, der das Managementsystem aufbaut, braucht Wissen und Erfahrung über die Norm, den Aufbau eines Managementsystems, SGA-Wissen, Wissen über die Branche und vor allem über die Organisation. Auch soziale und methodische Kompetenzen sind notwendig – und werden oftmals unterschätzt. Naturgemäß sind in einer Person nicht alle notwendigen Kompetenzen vereint. Deshalb sind weitere Personen in ein SGAMS-Umsetzungsteam zu holen, damit das Team über die notwendigen Kompetenzen verfügt. Ggf. sind Kompetenzen zu entwickeln (siehe auch 7.2).

11.4 Einbeziehen der wichtigsten Akteure im SGA

Nicht nur im Kompetenzteam, auch außerhalb wird Kompetenz gebraucht, um das SGAMS mit Leben zu füllen. So liefert das SGAMS-Kompetenzteam die Grundstruktur der Gefährdungsbeurteilung und der Beurteilung von Chancen. Führungskräfte, FASI und Sicherheitsbeauftragte setzen sie um. In Absprache mit dem BA wird der Ablauf bzw. Prozess der arbeitsmedizinischen Vorsorge definiert. Die Umsetzung erfolgt über arbeitsmedizinisches Assistenzpersonal bzw. den BA selbst.

Das SGAMS braucht aber noch weitere Unterstützung von Gefahrstoff-, Brandschutz- oder Datenschutzbeauftragten und weiteren Akteuren. Wenn diese Personen mit ihren Erfahrungen und Kenntnissen nicht einbezogen werden, werden noch mehr Ressourcen verbraucht. Oftmals fehlt Unterstützung aufgrund von Unkenntnis – die jeweiligen Akteure sind über die Aktivitäten und ihre Unterstützungsnotwendigkeiten nicht informiert. Es ist notwendig, möglichst viele Beschäftigte und Akteure des SGA im Vorfeld einzubinden, diese über Ziele, Ablauf und Inhalte detailliert zu informieren und Unterstützung einzuholen (siehe auch 5.4 und 7.4).

11.5 Aufbau des Systems durch Information an alle Beteiligten und Beschäftigten

Das Aufbauen der Strukturen des SGAMS sind wichtige Schritte. Parallel dazu müssen im Vorfeld, wie oben dargestellt, regelmäßig Informationen an alle Beteiligten/Beschäftigten (siehe auch 7.4) gegeben werden, um Verständnis zu generieren, Beteiligung zu fordern (siehe auch 5.4), Wissen über die Existenz und die genaue Anwendungsform zu erlangen, das Lernen bzgl. des SGAMS in der Organisation zu unterstützen und das SGAMS mit Leben zu füllen.

Regelmäßige Informationen für die Beteiligten/Beschäftigten bezüglich der Inhalte und des Fortschritts des SGAMS sind wichtig. Es muss jedoch genau überlegt werden, welche Zielgruppe zu welchen Themen wann und in welcher Form informiert wird.

11.6 Analyse von Risiken und Hindernissen

Wie schon in den vorhergehenden Punkten erwähnt, gibt es einige Risiken und Hindernisse beim Aufbau eines SGAMS, z. B. einen unklaren Auftrag zu klären oder skeptische Akteure in den Aufbau des SGAMS einzubinden.

Weitere Risiken und Hindernisse sollten, so gut es geht, im Vorfeld eruiert werden, damit die Strategie rechtzeitig geändert oder zusätzliche Ressourcen eingeplant werden können. Solche Risiken können beispielsweise Konflikte von Führungskräften und Fachkräften für Arbeitssicherheit sein, Abstimmungsschwierigkeiten von Abteilungen (z. B. zwischen Arbeitsvorbereitung und Produktion) oder innerhalb einer Abteilung zu wenig Zeit für den Aufbau des SGAMS, weil ein neues Verfahren oder neue Arbeitsmittel eingeführt und Prioritäten anders gesetzt werden müssen.

11.7 Suche nach aktiven Unterstützern

Neben der Suche nach und der Analyse von Risiken und Hindernissen muss auch überlegt werden, welche Akteure einer Organisation helfen und sie aktiv unterstützen können – weil es ihnen hilft, weil sie hinter der Sache stehen oder weil sie einfach gerne helfen.

»Welche Beschäftigten, Verantwortlichen, Führungskräfte und SGA-Akteure unterstützen gerne den Aufbau und das Implementieren eines SGAMS?«, muss gefragt werden. Führungskräfte würden zum Beispiel von den Vorteilen profitieren, dass sie mit einer höheren Zufriedenheit, weniger Verletzungen und weniger Erkrankungen konfrontiert sind. Personalabteilungen können auf mehr Bewerber zugreifen, da mit der Zertifizierung im Bewerbungsverfahren geworben werden kann. Instandhalter bekommen mehr Informationen, an welchen Stellen bei Reparaturen oder Wartungsarbeiten Gefahren auf sie lauern. Einkäufer haben mehr Richtlinien, um die richtigen sowie sichere und gesunde Produktionsgüter und Dienstleistungsangebote einzukaufen. Unterstützen kann auch das Kapitel 6.1, das die Chancen eines SGAMS analysiert.

11.8 Nutzen schon bestehender Managementsysteme

Sind andere Managementsysteme vorhanden, insbesondere das Qualitätsmanagement, ist es auch aufgrund der High Level Structure unabdingbar, sich daran zu orientieren und das SGAMS »seitlich« anzubauen und zu erweitern:

- Die existierende Qualitätspolitik muss ergänzt werden durch die SGA-Politik, Strategien, Visionen und Überlegungen im SGA.
- Die bereits formulierten Qualitätsziele müssen durch die Ziele im SGA erweitert werden.
- Es muss überlegt werden, an welchen Stellen SGA-Kriterien in die bereits bestehenden (SGA-relevanten) Prozessabläufe implementiert werden.
- Außerdem müssen die SGA-Akteure in den bestehenden und bereits dokumentierten Qualitäts- und Aufbaustrukturen (Organigramm) platziert werden.

11.9 Überprüfen der SGA-Dokumente, Verfahren, Prozesse und Strukturen

In jeder Organisation sind SGA-Dokumente vorhanden. Diese müssen insbesondere bzgl. der Rechtskonformität überprüft werden.

Nach der Prüfung gilt es, diese Dokumente in die jeweiligen Prozesse, Abläufe und Strukturen zu implementieren. Vorhandene Dokumente müssen genutzt werden. Alles zu erneuern überfordert jede Organisation und kostet noch mehr Ressourcen.

11.10 Aufbau des Systems in kleinen Schritten und Kommunikation der Erfolge

Neben der oben angesprochenen Notwendigkeit zur Information der Beteiligten und Beschäftigten ist es auch notwendig, über die erfolgreich abgeschlossenen Schritte des Aufbaus des SGAMS zu informieren. Die SGA-relevanten Prozesse sind festgelegt und die SGA-Dokumente eingebunden. Darüber gilt es beispielsweise die Beschäftigten zu informieren und diese Schritte zu feiern. Denn Erfolge darf man feiern! Das gibt Energie für die weiteren Schritte und zeigt den Zweiflern und Kritikern, dass es funktioniert und der Aufbau des SGAMS sich entwickelt.

Man darf stolz sein auf das Erreichte! Insbesondere erfolgreiche (interne) Audits und der damit verbundene Nachweis der Systemkonformität dürfen gefeiert werden.

Literatur- und Quellenverzeichnis

Ammon, U. (2009): Delphi-Befragung. In: Kühl, S., Strodtholz, P. & Taffertshofer, A. (Hrsg.): Handbuch Methoden der Organisationsforschung. Wiesbaden: VS Verlag für Sozialwissenschaften, S. 458–476.

Arbeitsprogramm Organisation, »GDA-ORGAcheck«; http://www.gda-orgacheck.de/daten/gda/gda-orgacheck.htm?b=4_kopf [letzter Zugriff am 16.07.2018].

Bayerisches Landesamt für Gesundheit und Lebensmittelsicherheit (2018): Rubrik Arbeitsschutz; »Occupational Health and Risk Managementsystem (OHRIS)«; https://www.lgl.bayern.de/arbeitsschutz/managementsysteme/ohris/index.htm [letzter Zugriff am 16.07.2018].

Berliner Zeitung, Ausgabe vom 07.04.2018: »Bauboom in Deutschland: Mehr tödliche Unfälle – Kritik der Berufsgenossenschaft«; https://www.berliner-zeitung.de/wirtschaft/bauboom-in-deutschland-mehr-toedliche-unfaelle---kritik-der-berufsgenossenschaft-29979980 [letzter Zugriff am 16.07.2018].

Berufsgenossenschaft für Gesundheitsdienst und Wohlfahrtspflege (BGW): Risikomatrix (nach Nohl). https://www.bgw-online.de/DE/Arbeitssicherheit-Gesundheitsschutz/Arbeitsschutz-mit-System/Qualitaetsmanagement/quintas-Umsetzung/Handlungshilfen/Methoden/Risikomatrix-Nohl.html [letzter Zugriff am 16.07.2018].

Berufsgenossenschaft Holz und Metall (BGHM) (2016): Unfallverhütungsvorschrift. Betriebsärzte und Fachkräfte für Arbeitssicherheit. DGUV Vorschrift 2 (1. überarb. Fassung). Mainz: BGHM. http://publikationen.dguv.de/dguv/pdf/10002/v2-bghm.pdf [letzter Zugriff am 16.07.2018].

Berufsgenossenschaft Rohstoffe und chemische Industrie (BG RCI) (2018): Rubrik Prävention »Schnell informiert, nachhaltig unterwiesen: Sicherheitskurzgespräche«; https://www.bgrci.de/praevention/praxishilfen/unterweisung/sicherheitskurzgespraeche/ [letzter Zugriff am 16.07.2018].

Bördlein, C. (2009): Faktor Mensch in der Arbeitssicherheit – BBS. Berlin: Erich Schmidt Verlag.

Brühwiler, B. (2016): SMART Ziele setzen und erreichen: Erfolg durch neue Gewohnheiten. CreateSpace Independent Publishing Platform.

BS 8800 (2004): Occupational health and safety management systems. Guide. British Standards Institution (BSI).

BS OHSAS 18001 (2007): Occupational Health and Safety Management Systems. British Standards Institution (BSI).

Bsl-center GmbH, »Bauordnungen«; http://www.bauordnungen.de/html/deutschland.html [letzter Zugriff am 16.07.2018].

Buzan, T. & Buzan, B. (2013): Das Mind-Map-Buch. Die beste Methode zur Steigerung Ihres geistigen Potenzials. München: mvg Verlag.

Deutsche Gesetzliche Unfallversicherung (DGUV) (Hrsg.) (2015): Arbeitsschutzmanagementsysteme – Managementsysteme für Sicherheit und Gesundheit bei der Arbeit. Verfahrensgrundsatz für die Beratung und Begutachtung; http://publikationen.dguv.de/dguv/pdf/10002/311-002.pdf [letzter Zugriff am 16.07.2018].

Deutsche Gesetzliche Unfallversicherung e.V. (DGUV) (Hrsg.), IAG Report 2/2016: »Kultur der Prävention in Unternehmen und Bildungseinrichtungen – Eine Befragung zum Ist-Zustand«; http://publikationen.dguv.de/dguv/pdf/10002/iag-report-2-2016.pdf [letzter Zugriff am 16.07.2018].

DIN EN ISO 19011 (2018): Leitfaden zur Auditierung von Managementsystemen (ISO 19011:2018). Berlin: Beuth Verlag.

DIN EN ISO 9000 (2015): Qualitätsmanagementsysteme – Grundlagen und Begriffe (ISO 9000:2015). Berlin: Beuth Verlag.

DIN EN ISO 9001 (2015): Qualitätsmanagementsysteme – Anforderungen (ISO 9001:2015). Berlin: Beuth Verlag.

Erpenbeck, John (2007): Handbuch Kompetenzmessung: Erkennen, verstehen und bewerten von Kompetenzen in der betrieblichen, pädagogischen und psychologischen Praxis (2.Aufl.). Stuttgart: Schäffer-Poeschel-Verlag.

Friczewski, F. (1994): Gesundheitszirkel als Organisations- und Personalentwicklung: Der Berliner Ansatz. In: G. Westermayer & B. Bähr (Hrsg.): Betrieblicher Gesundheitszirkel. Göttingen: Hogrefe Verlag, S.14–24.

Fuchs, H. & Grainchen W. U. (1994): Bessere Lernmethoden. Orbis Verlag.

Gietl, G. & Lobinger, W. (2012): Leitfaden für Qualitätsauditoren – Planung und Durchführung von Audits nach ISO 9001:2008 (4., aktual. und erw. Aufl.). München: Carl Hanser Verlag.

Haufe, Ausgabe vom 29.01.2018: Rubrik Sozialwesen, DAK-Gesundheitsreport »Krankenstand 2017 leicht gestiegen«; https://www.haufe.de/sozialwesen/leistungen-sozialversicherung/frauen-sind-oefter-krankgeschrieben-als-maenner_242_343474.html [letzter Zugriff am 16.07.2018].

Hering, E. (1984): Software-Engineering. Wiesbaden: Vieweg Verlagsgesellschaft.

Hessisches Ministerium für Soziales und Integration, Rubrik Arbeitsschutzorganisation: »ASCA Arbeitsschutzmanagement«; https://soziales.hessen.de/arbeit/arbeitsschutz/arbeitsschutzorganisation/asca-arbeitsschutzmanagement [letzter Zugriff am 16.07.2018].

International Organization for Standardization (ISO) (2018): ISO 31000 – Risk Management. https://www.iso.org/obp/ui#iso:std:iso:31000:ed-2:v1:en [letzter Zugriff am 16.07.2018].

ISO/IEC (2015): »ISO/IEC Directives, Part 1. Consolidated ISO Supplement – Procedures specific to ISO«; https://fenix.tecnico.ulisboa.pt/downloadFile/1126518382176416/Int5%20-%20Annex_SL_2015.pdf [letzter Zugriff am 16.07.2018].

Kern, J. (2012): Ishikawa Diagramme. Ursache-Wirkungs-Diagramme als Qualitätswerkzeuge (Studienarbeit) (2.Aufl.). Universität Bayreuth: Grin.

Koubek, A. (Hrsg.) (2015): Praxisbuch ISO 9001:2015. Die neuen Anforderungen verstehen und umsetzen. München: Carl Hanser Verlag.

Learning Factory: »Verbesserungs- und Coaching-KATA«; http://www.learning-factory.org/kata/ [letzter Zugriff am 16.07.2018].

Lloyd's Register (2016): High Level Structure: übergeordnete Struktur für alle Managementsystem-Standards. http://www.lrqa.de/ueberarbeitung-der-iso-standards/high-level-structure.aspx [letzter Zugriff am 16.07.2018].

Metzinger, T. (Hrsg.) (2005): Bewusstsein. Beiträge aus der Gegenwartsphilosophie (5., erw. Aufl.). Paderborn: mentis.

Montag, T.: Business Wissen, Ausgabe vom 4. April 2018, Rubrik Büroorganisation »Arbeitsgestaltung. Mit der 5S-Methode Ordnung am Arbeitsplatz schaffen«; https://www.business-wissen.de/artikel/arbeitsgestaltung-mit-der-5s-methode-ordnung-am-arbeitsplatz-schaffen/ [letzter Zugriff am 16.07.2018].

Recht, G. (2014a): 26. BImSchV. Verordnung über elektromagnetische Felder.

Recht, G (2014b): ArbMedVV. Verordnung zur arbeitsmedizinischen Vorsorge.

Recht, G. (2014c): ArbSchG. Arbeitsschutzgesetz. Merseburg: CreateSpace Independent Publishing Platform.

Recht, G (2014d): ArbStättV. Arbeitsstättenverordnung. Merseburg: CreateSpace Independent Publishing Platform.

Recht, G. (2014e): BaustellV. Baustellenverordnung.

Recht, G (2015): BetrSichV 2015. Betriebssicherheitsverordnung. Merseburg: CreateSpace Independent Publishing Platform.

Recht, G. (2016): ASiG. Gesetz über Betriebsärzte, Sicherheitsingenieure und andere Fachkräfte für Arbeitssicherheit. Merseburg: CreateSpace Independent Publishing Platform.

Recht, G. (2018a): BDSG. Bundesdatenschutzgesetz (4. Aufl.). Merseburg: CreateSpace Independent Publishing Platform.

Recht, G. (2018b): HeimG. Heimgesetz (2. Aufl.). Merseburg: CreateSpace Independent Publishing Platform.

Recht, G. (2018c): MPG. Medizinproduktegesetz.

Schliephacke, J. (2008): Führungswissen Arbeitssicherheit. Aufgaben – Verantwortung – Organisation (3., neu bearb. Aufl.). Berlin: Erich Schmidt Verlag.

Schopenhauer, A. (2010): Aphorismen zur Lebensweisheit. Wiesbaden: MARIXVERLAG.

Schulz von Thun, F. (1981): Miteinander reden 1. Störungen und Klärungen. Reinbek: Rowohlt Taschenbuch Verlag.

SGB IX (2018): SGB IX. Rehabilitation und Teilhabe von Menschen mit Behinderung. dtv Verlagsgesellschaft.

Stowasser, S. (2016): »Praxisgerechte Ergonomie-Normung. Gestaltung von Arbeitssystemen mit der DIN EN ISO 6385:2016«; http://www.vbg.de/DE/3_Praevention_und_Arbeitshilfen/2_Themen/02_Arbeitsstaetten_gestalten/8_Ergonomie-Norm_DIN_EN_ISO_6385/Ergonomie-Norm_DIN_EN_ISO_6385_node.html [letzter Zugriff am 16.07.2018].

Weinreich, I. & Weigl, C. (2002): Gesundheitsmanagement erfolgreich umsetzen. Ein Leitfaden für Unternehmen und Trainer. Neuwied: Luchterhand Verlag.

Weinreich, I. & Weigl, C. (2011): Unternehmensrategeber betriebliches Gesundheitsmanagement. Grundlagen – Methoden – personelle Kompetenzen. Berlin: Erich Schmidt Verlag.

Wollny, V. & Paul, H. (2014): Die SWOT-Analyse. Herausforderungen der Nutzung in den Sozialwissenschaften. In: M. Niederberger & S. Wassermann (Hrsg.): Methoden der Experten- und Stakeholdereinbindung in der sozialwissenschaftlichen Forschung. Wiesbaden: Springer VS, S. 189–213.

Zink, K. J. (1986): Quality Circles. München: Hanser Fachbuch Verlag.

Arbeitshilfen

Stichwortverzeichnis

Exklusiv für Buchkäufer!

Ihre Arbeitshilfen zum Download:

- **http://mybook.haufe.de/**
- **Buchcode:** WSR-6675